ISBN 978-3-7091-3575-4   ISBN 978-3-7091-3574-7 (eBook)
DOI 10.1007/978-3-7091-3574-7

Die Goldendodermis der Farne

Fluoreszenzmikroskopische Untersuchungen zur vergleichenden Anatomie der Filicineen

Von Maria Luhan

Mit 13 Textabbildungen und 1 Beilage

(Aus dem Pflanzenphysiologischen Institut der Universität Wien)

Inhalt.

Die untersuchten Arten:

Einleitung.

Durch die Fluoreszenzmikroskopie wird der Anatomie ein ungemein wichtiges neues Arbeitsmittel gegeben. Das ultraviolette Licht ruft an manchen Stoffen ein Leuchten hervor, das nach deren chemischer Zusammensetzung in Farbe und Intensität verschieden ist. Dadurch ergibt sich die Möglichkeit einer raschen Differenzierung einzelner Gewebe. In manchen Fällen deckt die Beobachtung des ungefärbten Präparates im Fluoreszenzlicht feinere Unterschiede auf als die Tageslichtmikroskopie mit Hilfe von Färbeverfahren.

Haitinger hat die vielseitigen Anwendungsmöglichkeiten der Fluoreszenzmikroskopie in seinen Arbeiten (1933, 1934, 1935, 1938) bewiesen. Neben der Eigenfluoreszenz oder Primärfluoreszenz hat Haitinger seit 1932 besonders die Methoden der sekundären Fluoreszenz ausgearbeitet. Er nannte die fluoreszierenden Färbemittel Fluorochrome, um sie von den Farbstoffen der Tageslichtmikroskopie zu unterscheiden. Die sekundäre Fluoreszenz bedeutet zugleich den modernsten Zweig der Vitalfärbung, da die außerordentlichen Verdünnungen, in denen die Fluorochrome schon wirksam sind, einen schädigenden Einfluß auf die Zellen weitgehend ausschalten (vgl. zumal Strugger).

Für eigentliche anatomische Zwecke gibt aber doch die primäre Fluoreszenz die unmittelbarsten Aufschlüsse; so leuchtet z. B. die Kutikula meist silberblau, verholzte Zellwände hell- bis grünblau, Korkzellen himmelblau. Auch die Endodermis und ihr wesentlichstes Stück, die Casparyschen Streifen, zeigen an frisch hergestellten Schnitten stets eine deutliche Eigenfluoreszenz. Es mußte daher als eine dankbare Aufgabe erscheinen, die Fluoreszenzmikroskopie zu Untersuchungen über die Endodermen, die in alter wie in neuester Zeit das Interesse des Pflanzenanatomen gefesselt haben, heranzuziehen. Nachdem ich mich längere Zeit mit solchen fluoreszenz-anatomischen Studien an Endodermen höherer Pflanzen im allgemeinen beschäftigt hatte, veranlaßte mich eine auffallende Beobachtung, die Endodermis der Farne zum Gegenstand der ersten vergleichend-anatomischen Untersuchungen zu machen. D i e E n d o d e r m i s d e r F a r n e l e u c h t e t i m U l t r a v i o l e t t l i c h t i n p r ä c h t i g e r g o l d g e l b e r F a r b e a u f, während die Casparyschen Streifen der Wurzeln höherer Pflanzen, wie bekannt, meist eine blaugraue oder hellgrünblaue Fluoreszenzfarbe zeigen. Über die Erfahrungen, die ich bei der Untersuchung von Farnendodermen gemacht habe, soll im folgenden berichtet werden, während die Beobachtungen an Wurzelendodermen der Blütenpflanzen nur vergleichsweise erwähnt werden sollen.

Daß ich diese Arbeit durchführen konnte, danke ich meinem hochverehrten Lehrer, Herrn Professor Dr. Karl H ö f l e r, der mir dies schöne Thema zur Bearbeitung gab. Ich möchte ihm an dieser Stelle nochmals meinen aufrichtigsten Dank dafür aussprechen, sowie für die wertvollen Anregungen und das stete Interesse, das er dem Fortgang meiner Arbeit entgegenbrachte. Herrn Professor Dr. Karl S c h n a r f danke ich für die große Freundlichkeit, mit der er mir bei der Beschaffung des Pflanzenmaterials half, und Herrn Oberst Dr. h. c. Max H a i t i n g e r (†) für die Einführung in die Technik der Fluoreszenzmikroskopie.

I. Allgemeines über Endodermen.

a) Bau und Funktion der Anthophyten-Endodermis.

Unter Endodermis verstehen wir heute alle histologisch und funktionell übereinstimmenden, einschichtigen Scheiden in Wurzel, Stamm und Blatt, die wenigstens in der Jugend den Casparyschen Streifen tragen. Etwa in diesem Sinne definiert v. G u t t e n b e r g (1943 b) in seiner umfassenden Bearbeitung der physiologischen Scheiden die Endodermis[1]. Dieser Punkt oder Streifen, nach

[1] Ich möchte Herrn Professor H. v. G u t t e n b e r g, Rostock, der mir seinerzeit in liebenswürdiger Weise Einblick gewährt hat in die Druckkorrektur des Werkes „Die physiologischen Scheiden", meinen ergebensten Dank aussprechen.

seinem Entdecker C a s p a r y benannt, stellt eine durch Wellung und chemische Veränderung der Mittellamelle abweichend gebaute Stelle an den radialen Längs- und Querwänden der Endodermis dar. Schon seit langer Zeit wurde diese charakteristische Zellschicht von vielen Forschern untersucht, wobei eine lebhafte Diskussion über die funktionelle Bedeutung nicht ausblieb. Die ersten genaueren Angaben über die Morphologie der Endodermis verdanken wir C a s p a r y (1858). Er hat in einer schönen Abbildung des Stammes von *Elodea canadensis* diese eng geschlossene Zellreihe um das Gefäßbündelsystem, die er Schutzscheide nannte, dargestellt und besonders den dunklen Punkt an den Radialwänden hervorgehoben. Nach der ersten unzutreffenden Erklärung erkannte C a s p a r y später (1865/66) richtig, daß diese genannte Erscheinung durch Wellung eines Teiles oder der ganzen Fläche der Zellwand verursacht ist. In der Breite der Wellung verholzt die primäre Wand dieser Zellen früher als an den übrigen ungewellten Wandteilen. Hier wird auch für einige Farne der Besitz einer Schutzscheide erwähnt, die jedes einzelne Gefäßbündel umgibt. Schon vor C a s p a r y haben — nach Angaben in seiner Arbeit (1858) — verschiedene Forscher diese Scheide um den Zentralzylinder beobachtet, aber zum Teil unrichtig gedeutet (P l a n - c h o n 1850/51, der sie zuerst an der Wurzel von *Victoria regia* sah, sie aber für Gefäße hielt) oder auf verschiedenste Weise benannt (S c h u l t z - S c h u l t z e n s t e i n „Bündelscheide“, I r - m i s c h „Cambiumring“, K a r s t e n „Hohlcylinder“, S c h a c h t „Verdickungsring“, S c h l e i d e n „Kernscheide“). Auch d e V r i e s (1886) spricht von der Kernscheide. Der Name Endodermis rührt von O u d e m a n s (1861) her, der jedoch die Exodermis der Orchideenwurzeln damit bezeichnete und erst d e B a r y (1877) übernahm den Ausdruck für die Schutzscheide C a s p a r y s.

Die Endodermis tritt aber oft auch, z. B. bei vielen Monokotylenwurzeln, nicht in Form dünnwandiger Parenchymzellen mit deutlich sichtbaren Casparyschen Streifen auf, sondern zeigt häufig stark verdickte Zellwände. Eine Übersicht über diese Verdickungsformen der Endodermiszellen gab R u s s o w (1873 und 1875). Er teilte die Scheiden in Priman- und Sekundanscheiden und besonders letztere wieder nach Art der Verdickung in die bekannten O-Scheiden mit gleichmäßig und C-Scheiden mit hauptsächlich an der Innenseite hufeisenförmig verdickten Wänden. Als dann d e B a r y (1877) auf die frühzeitige Verkorkung der Endodermiszellen hinwies und v. H ö h n e l (1877) die Verkorkung der Wände einzelner Endodermen sicher nachweisen konnte, unterschied man nun drei Formen verschiedener Ausbildung von Endodermiszellen, nämlich dünnwandige mit Casparyschen Streifen, verkorkte und stark verdickte.

Den entwicklungsmäßigen Zusammenhang dieser drei Typen hat K r o e m e r in einer wichtigen Arbeit über die Endodermis

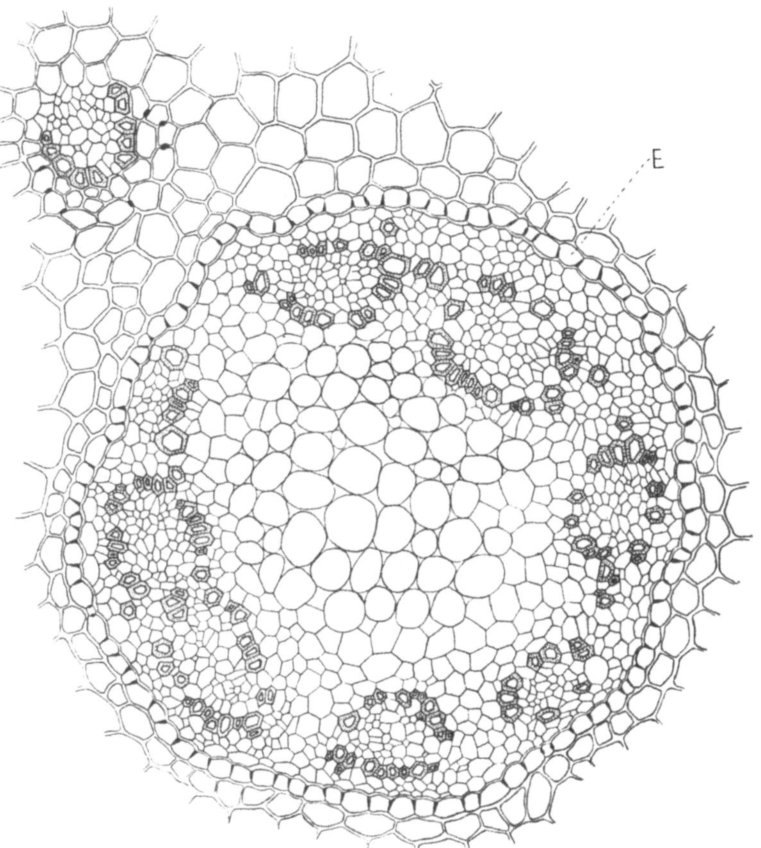

Abb. 1. Paris quadrifolia. Rhizomquerschnitt. E = Primärendodermis.

der Angiospermenwurzel (1903) geklärt. Er unterschied im vollkommensten Falle vier Entwicklungsstadien der Endodermiszellen und seine Einteilung hat heute noch volle Gültigkeit: „Im Embryonalzustand besitzen die Zellen im Bau der Membran und des Protoplasten vollkommen den Charakter von Meristemzellen. Der Primärzustand wird hauptsächlich durch die relativ dünne, unverkorkte

Membran und durch das Rahmenwerk des Casparyschen Streifens
charakterisiert. Für den Sekundärzustand ist eine noch relativ
dünne, aber allseitig verkorkte und außerdem mit dem Casparyschen
Streifen versehene Zellwand typisch. Im Tertiärzustand sind ein-

Abb. 2. Paris quadrifolia. Wurzelquerschnitt. E = Tertiärendodermis.

zelne oder alle Wände der Zellen stark verdickt durch zahlreiche,
hervorragend mechanisch wirksame Lamellen, welche auf die im
Sekundärzustand der Zelle vorhandenen Wandschichten aufge-
lagert werden. Man kann diese Verdickungslamellen in ihrer Gesamtheit als Tertiärschichten bezeichnen." K r o e m e r 1903, S. 87.)

Das Gewebe kann nun entweder der Reihe nach diese Entwicklungsstadien bis zum Tertiärzustand durchlaufen oder kann schon auf einer früheren Stufe zeitlebens stehen bleiben. So entwickeln die Farne nur Primär- und Sekundärendodermen und keine Tertiärendodermen (vgl. B ä s e c k e 1908, S. 30). Auch kann bei derselben Pflanze die Endodermis im Rhizom dauernd primär

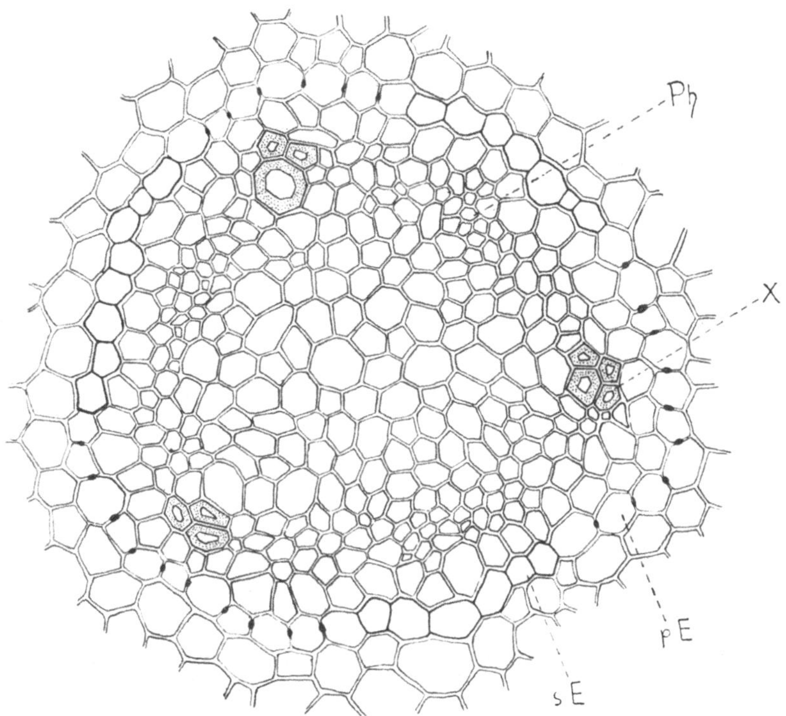

Abb. 3. Knautia silvatica. Wurzelquerschnitt. p. E. = primäre Endodermiszelle, s. E. = sekundäre Endodermiszelle, Ph = Phloem, X = = Xylem.

bleiben, in der Wurzel sich aber bis zum sekundären oder tertiären Stadium weiterentwickeln. Abb. 1 und 2 zeigt dies bei *Paris quadrifolia*.

Wenn in den Embryonalzellen der Casparysche Streifen erscheint, ist er zunächst sehr schmal und wird mit zunehmendem Alter der Zellen ein wenig breiter, seltener wird er so breit, daß er annähernd die ganze Radialwand einnimmt. Er bildet sich, wo-

rauf vor K r o e m e r (1903, S. 94) schon R u s s o w (1873), d e
V r i e s (1886) und S t r a ß b u r g e r (1891) hingewiesen haben,
gleichzeitig mit den Erstlingstracheen der Leitbündel, und zwar
zuerst in den Zellen vor den Siebröhren. Das wurde auch von
R u m p f (1904, S. 31) für die Pteridophytenwurzel bestätigt. Der

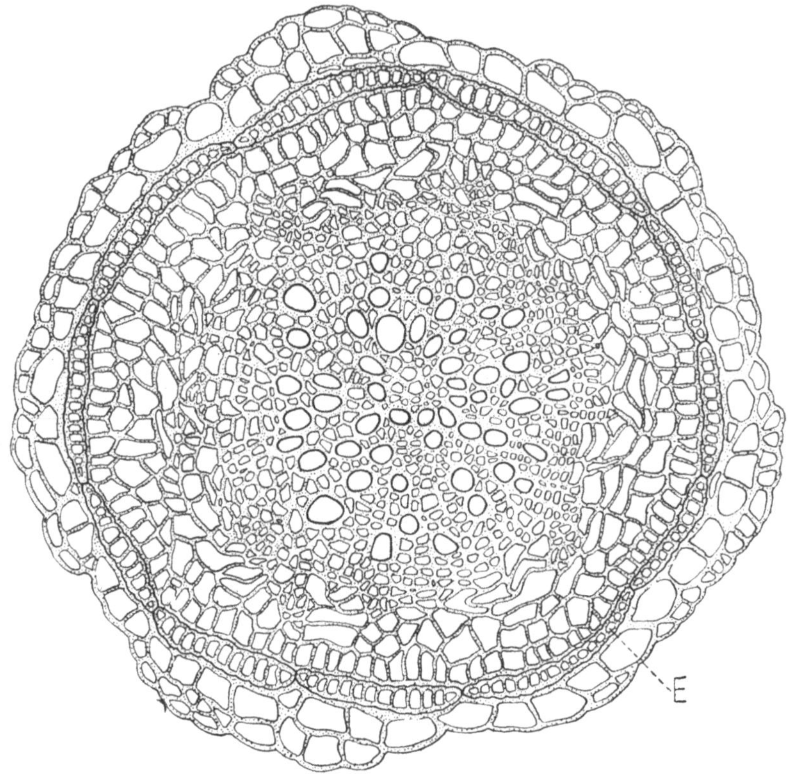

Abb. 4. Gentiana austriaca. Wurzelquerschnitt. Endodermis (E) mit
Suberinlamelle und tertiären Stützwänden.

Casparysche Streifen tritt dort stets zuerst vor dem Leptom auf,
erheblich später vor den Tracheiden. Das Gleiche beobachtete B ä -
s e c k e (1908) bei den Endodermen der Farnwedel. Ebenso werden die ersten Suberinlamellen der Sekundärendodermis, wie auch
die ersten Tertiärschichten in den Zellen vor den Siebteilen angelegt. Es war schon N i c o l a i (1865) und gleichzeitig L e i t g e b
(1865) an der Endodermis der Orchideenwurzeln aufgefallen, daß

sich die vor den Tracheen liegenden Endodermiszellen hinsichtlich ihrer Wandverdickung anders verhalten können als die den Siebteilen gegenüberliegenden Zellen. Dieses Stadium, in dem nur vor dem Phloem wenige Sekundärendodermzellen ausgebildet waren, zeigte sich an meinen untersuchten Angiospermenwurzeln besonders schön bei *Knautia silvatica* (Abb. 3) und *Lactuca muralis*. M a g e r (1932, S. 688) bestreitet eine Lagebeziehung der Casparyschen Streifen zu den Siebteilen, was allerdings nur für die von ihm untersuchten Arten gelten kann.

Bei Wurzeln, die stark in die Dicke wachsen, dabei aber längere Zeit ihren Primärcharakter bewahren, kommt es bisweilen zu weiteren, meist radialen Teilungen der Endodermis. Die neu eingeschalteten Wände erhalten alle den Casparyschen Streifen. Bei späterer Verdickung der Wurzel kann auch im Sekundärstadium eine tangentiale Streckung der Endodermiszelle und eine Einschaltung von Radialwänden stattfinden. Diese Radialwände erhalten in vielen Fällen keine Casparyschen Streifen oder Suberinlamellen. Sie sind besonders — M y l i u s (1913) hat sie als tertiäre Stützwände bezeichnet — für das Tertiärstadium der Endodermis in Wurzeln charakteristisch; weniger häufig treten diese Wände in unterirdischen Achsen und niemals in oberirdischen Achsen und Leitbündelendodermen auf (M y l i u s 1913, S. 38). Sie haben den Charakter von Tertiärlamellen und dienen wohl dazu, die tangential gespannten Zellen auszusteifen und so vor dem Kollabieren zu bewahren. Von meinen untersuchten Wurzeln zeigte besonders schön *Gentiana austriaca* die tertiären Stützwände (Abb. 4).

M y l i u s hat in derselben Arbeit (1913), in der er sich mit der Endodermis und dem Periderm befaßte, seine Aufmerksamkeit in erster Linie auch einer sehr interessanten, in der Literatur bisher noch nicht beschriebenen Bildung zugewendet, nämlich dem P o l y d e r m. Diese Zellreihen wurden von früheren Autoren häufig als Periderm beschrieben (vgl. S o l e r e d e r 1899, S. 401). Sie stellen aber im Gegensatz zu diesem ein lebendes, in ständiger Erneuerung begriffenes Gewebe dar, das sich aus nacheinander entstehenden Polydermlamellen zusammensetzt. Eine Polydermlamelle besteht immer aus dem Zwischengewebe, der Folgeendodermis und der Initialschicht. Die Polydermendodermen entsprechen dabei morphologisch und physiologisch den Wurzelendodermen; sie kommen in Achsen und Wurzeln vor. M y l i u s erwähnt, daß P r o d i n g e r (1908) ein solches Polyderm auch bei *Geum* beobachtet hat. Diese Angabe kann ich bestätigen. Abb. 5 gibt das eindrucksvolle Bild eines Polyderms an der Wurzel von *Geum montanum* wieder.

Bei den Untersuchungen über die chemische Beschaffenheit der Endodermis hat in der weiteren Literatur
hauptsächlich das primäre Stadium Beachtung gefunden. Daß der
Sekundärzustand der Scheiden durch Verkorkung der Zellwände
zustande kommt (vgl. de Bary 1877, S. 130), wurde bis heute
im wesentlichen nicht bezweifelt. Die Meinungen sind höchstens dar-
über geteilt, ob die Suberinlamelle ausschließlich aus Korkstoff be-
stehe (van Wisselingh 1925, S. 245), oder ob noch eine Kohlen-
hydratgrundlage anzunehmen sei (Priestley und North

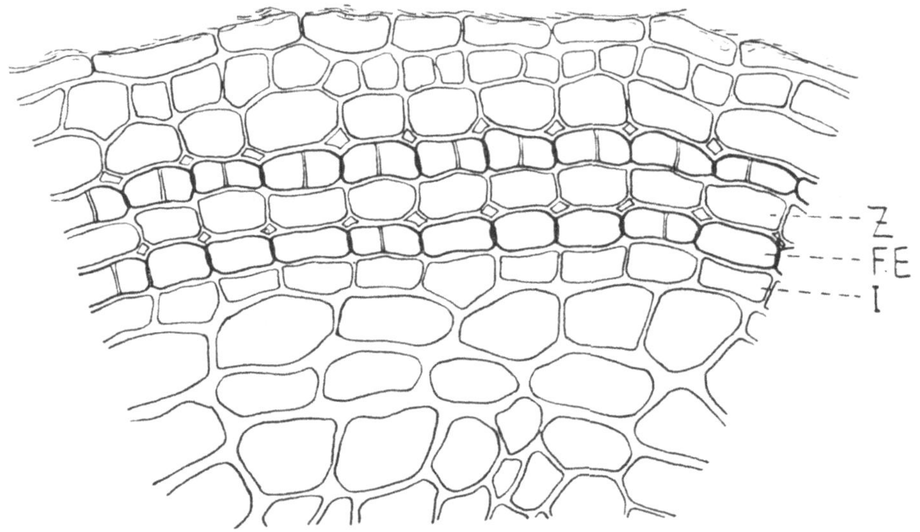

Abb. 5. Polydermbildung an der Wurzel von Geum montanum. I =
= Initialschicht, F. E. = Folgeendodermis, Z = Zwischengewebe.

1922). Auch über die chemische Zusammensetzung der Tertiärschichten herrschen kaum Unklarheiten; sie entstehen erst aus
Zelluloselamellen, zeigen später aber stets Reaktionen, die mehr
oder weniger deutlich auf Verholzung hinweisen (v. Guttenberg
1940, S. 131). Ausnahmsweise findet sich eine Einlagerung von
Kieselsäure; Borissow (1924) fand in den stark verdickten Zell-
membranen der Wurzelendodermis einiger *Andropogon*-Arten ziemlich regelmäßige Kieselkörper.

Über die chemische Beschaffenheit der Casparyschen Streifen
im Primärstadium der Endodermis herrscht trotz zahlreicher Untersuchungen noch keine volle Klarheit. Hier stand hauptsächlich die

Frage im Vordergrund, ob der Casparysche Streifen verkorkt oder verholzt sei. Für Verkorkung der Streifen sprachen R u s s o w (1875), d e B a r y (1877), nach d e V r i e s (1886) auch v. H ö h n e l und O g u r a (1938, S. 45); für eine Verholzung der Casparyschen Streifen trat zunächst K r o e m e r (1903) ein, auf Grund vieler Versuche, aus denen hervorging, daß der Streifen Reaktionen gab, die man gewöhnlich als Holzreaktionen bezeichnet. Besonders durch Phloroglucin und Salzsäure wurde er einheitlich intensiv rot gefärbt, eine Kutinisierung des Streifens war dagegen nicht nachzuweisen. Auch M y l i u s (1913), Z i e g e n s p e c k (1921) und E l i s e i (1943), auf dessen Arbeit noch ausführlich zurückzukommen sein wird, traten sehr bestimmt für eine Verholzung ein. Die Meinung, daß sowohl Lignin als auch suberinartige Substanzen im Casparyschen Streifen vorkämen, wird von v a n W i s s e l i n g h (1925, S. 245 und 1926) vertreten. v. G u t t e n b e r g, der 1940 unsere Kenntnis der Angiospermenwurzel zusammenfaßte und uns dann (1943 b) eine Gesamtdarstellung der Endodermis der Pflanzen in Wurzel, Stamm und Blatt gegeben hat, sagt (1940, S. 126): „So muß man doch wohl annehmen, daß beides: eine Verholzung und eine Art Kutinisierung, vorliegt, wozu noch kommt, daß der Streifen (wohl seine Grundsubstanz) auch Pektinreaktionen (Rutheniumrot) gibt."

Diese so charakteristisch gebaute Scheide muß auch eine ganz bestimmte F u n k t i o n haben. Dabei bieten die verkorkten und verdickten Zellen des sekundären und tertiären Entwicklungsstadiums der Endodermis viel weniger Schwierigkeiten bei der Deutung ihrer möglichen Aufgaben als die Zellen der Primärendodermis, da Zellen von ähnlichem Bau auch sonst häufig in pflanzlichen Geweben vorkommen. Es ist bekannt, daß eine Suberinlamelle die Durchlässigkeit herabsetzt und starke tertiäre Verdickung die Festigkeit der Zellen erhöht (v. G u t t e n b e r g 1943 b, S. 145). Auffallend ist jedoch, daß beim Korkgewebe die Zellen mit der Ausbildung der Suberinlamelle absterben, während die Protoplasten aller Endodermiszellen dauernd am Leben bleiben, wie sich durch Plasmolyse leicht nachweisen läßt. Plasmolysierte Primärendodermiszellen ergeben das auffallende Bild der sog. „Bandplasmolyse" (vgl. schon P f i t z e r 1867, G r a v i s 1898, B e h r i s c h 1926, W e b e r 1929), wobei sich das Protoplasma überall von den Wänden loslöst und nur an den Casparyschen Streifen haften bleibt, so daß es den Zentralzylinder als ein zusammenhängendes Band umgibt. K o l d a (1937) verwendet bei ihren Versuchen diese eigenartige Plasmolyseform sogar statt einer Färbung zum Nachweis der Casparyschen Streifen.

Die Tatsache, daß Verkorkung und Verdickung bei manchen Endodermen unterbleiben kann, der Casparysche Streifen aber keiner Endodermiszelle wenigstens im jüngsten Entwicklungsstadium fehlt, läßt auf eine ihm zukommende Hauptfunktion schließen. Einige Ansichten über die Funktion des Casparyschen Streifens seien nun kurz erwähnt: S c h w e n d e n e r (1882) ist der Meinung, daß der Streifen vor allem für die Erhöhung der Festigkeit des Gewebes nötig sei. Diese einfache Erklärung wird aber bald widerlegt, und die Mehrzahl der Forscher sieht nun im Casparyschen Streifen eine Einrichtung zur Herabsetzung der Wandpermeabilität. So spricht K r o e m e r (1903, S. 139) den Gedanken aus, daß der Casparysche Streifen die gelösten Stoffe und Salze zurückhalten soll, welche vom Leitbündel aus in die Radialwände der Endodermis eindringen und, ohne von den Protoplasten gehindert zu werden, innerhalb der Radialwände nach der Rinde zu hinüberwandern könnten. Es ist schon von einigen früheren Forschern bemerkt worden, daß der Casparysche Streifen der inneren Tangentialwand genähert liegt. Dies deutet K r o e m e r so, daß der Nährstoffstrom, der vom Leitbündel an die Innenseite ihrer Zellen herantritt, die Protoplasten der Endodermiszellen nur auf einer möglichst kleinen Fläche treffen soll. Auch nach B ä s e c k e (1908, S. 31) ist für die Farne die Lage des Casparyschen Streifens immer eine derartige, daß eine Diffusion von Nährstoffen durch die Wand der Endodermis anscheinend unmöglich wird. In einer Reihe von anschaulichen Versuchen konnte R u f z d e L a v i s o n (1910, 1911 a, b) zeigen, daß manche gelöste Stoffe die Endodermis durch den Protoplasten passieren, andere durch die Zellwand; zu den letzteren gehöre das Eisensulfat. An diese Versuche knüpft Z i e g e n s p e c k (1921) an. Beim Nachprüfen der durchlässigen Stoffe fand er, daß der Casparysche Streifen sich ähnlich dem Plasma verhält: er übt wie dieser gegenüber diffundierenden Stoffen eine auslesende Wirkung. Im gleichen Jahre haben U r s p r u n g und B l u m (1921) im Zuge ihrer Untersuchungen über osmotische Zustandsgrößen der Pflanzenzellen den sog. „Endodermissprung" entdeckt. Die Saugkräfte steigen vielfach von der Oberfläche der Wurzel bis an die Endodermis stetig an und fallen an dieser plötzlich ab; mit anderen Worten, die lebenden Zellen innerhalb der Endodermis sind der Wassersättigung viel näher als die außerhalb gelegenen Rindenzellen. Seit S t r u g g e r erscheint das Endodermisproblem in neuem Licht. In einer Reihe von Arbeiten weist er mit Hilfe der Fluoreszenzmikroskopie nach, daß der Transpirationsstrom von den Tracheen bis an die Oberfläche vorwiegend in den submikroskopischen Kapillaren der Parenchymwände sich

bewegt. Er weist also den Membranstrom nach. Der durch die Zellwände der Wurzel gehende Membranstrom wird an den Casparyschen Streifen unterbrochen, so daß eben in der Endodermisschicht
die Zellwände für Wasser und die darin gelösten Stoffe unpassier-
bar und nur die Protoplasten dieser Zellen passierbar bleiben. Die
Casparyschen Streifen blockieren also den von außen nach innen
gerichteten Wasserstrom in den Membranen; nur die Stoffe können
durch die Endodermis eindringen, die durch das Plasma der Endodermis wandern können. v. Guttenberg (1943 a) weist darauf hin, daß auch die Wuchsstoffe an den Casparyschen Streifen
ein Hindernis finden müssen und daher die Endodermis auch als
eine den Wuchsstoffstrom begrenzende Scheide aufzufassen ist,
indem die Wuchsstoffe an der Diffusion nach außen gehindert
werden.

b) Endodermis der Farne.

Daß die Endodermis auch bei den Farnen so weit verbreitet
ist, findet sich zum erstenmal bei de Bary (1877) erwähnt. Er
gibt an, daß der axile Gefäßstrang in Wurzeln immer von einer
Endodermis eingeschlossen wird und sagt (S. 129) weiter: „Anderer-
seits wird aber in vielen Fällen nicht der gesamte Gefäßbündel-
körper, sondern jedes einzelne Gefäßbündel von einer Endodermis
rings umscheidet, sowohl im Stamm und Blatt fast aller Farne und
mancher Equisetumarten, ..." Die weiteren Beobachtungen seien
in zeitlicher Folge angeführt. Für *Struthiopteris germanica* Willd.
und *Pteris aquilina* L. beschreibt Terletzki (1884) eine Schutzscheide um die Leitbündel in den Ausläufern, dem Stamm, den
Blattstielen und der Wurzel. In der Arbeit von Thomae (1886)
werden die Blattstiele der Farne ausführlicher behandelt und neben
einer Morphologie der Gewebe auch eine anatomische Charakte-
ristik der einzelnen Familien gegeben. Presl (1842) hatte bei
der Untersuchung der Anordnung der Gefäßbündel im Blattstiel
verschiedener Farne bemerkt, daß die vergleichende Anatomie für
die systematische Bestimmung wertvoll sei. Thomae findet nun
eine solche Spezifität anatomischer Merkmale in vielen Fällen bestätigt, doch läßt sich nach seiner Meinung eine Systematik allein
auf Grund der Anatomie der Farnblattstiele nur schwer durchführen. Ich werde im speziellen Teil meiner Arbeit öfters auf die
Beschreibung einzelner Farne bei Thomae hinzuweisen haben. Die
Endodermis ist für ihn ein modifizierter Teil des Stranggewebes;
eine Wellung der radialen Längswände kann fast immer beobachtet
werden, seltener auf dem Querschnitt in der Radialwand der
Casparysche Fleck, dafür aber immer eine schwache Verkor-

kung (T h o m a e 1886, S. 130). Bei der Behandlung einiger hygrophiler Farne stellt G i e s e n h a g e n (1892) fest, daß die Gefäßbündel des Sprosses gegen das Rindengewebe von einer Endodermis abgegrenzt werden, deren Radialwände die charakteristischen Schatten erkennen lassen. Nach einer zusammenfassenden Darstellung der Rhizodermis, Epidermis und Endodermis der Farnwurzel durch R u m p f (1904) beschäftigt sich erst B ä s e c k e (1908) eingehender mit den physiologischen Scheiden der Achsen und Wedel der Filicinen. Er hebt die große Übereinstimmung in der Ausbildung der Endodermis in Wurzel, Stamm und Blatt hervor. Während nach R u m p f eine Endodermis an den Farnwurzeln nie fehlen sollte, stellt B ä s e c k e eine Entwicklung der Endodermis von den eusporangiaten Farnen, wo sie entweder in Achse und Wedel oder nur im Wedel völlig fehlt, über die Osmundaceen, wo sie primär bleibt, über die Hymenophyllaceen, wo sie zum Teil (Hymenophyllum) schon sekundär ist, zu den übrigen leptosporangiaten Farnen mit sekundären Endodermen fest. Die Primärendodermis tritt nach B ä s e c k e bei den meisten leptosporangiaten Filicinen als eine regelmäßige Zellschicht auf. Oft aber zeigt sich auch Gabelung der Radialwand und das Auftreten des Casparyschen Streifens auf benachbarten Wänden. Der Casparysche Streifen kommt normalerweise nur an den Radialwänden vor, kann aber manchmal auch auf der inneren Tangentialwand erscheinen. Seine Breite nimmt häufig $^1/_3$ oder $^2/_3$, seltener die ganze Radialwand ein (B ä s e c k e 1908, S. 31). Das erste Auftreten der Streifen erfolgt in den Wedeln stets vor den Siebröhren. In der sekundären Endodermiszelle zeigt sich ein Unterschied gegenüber der Suberinlamelle der Angiospermen, der in der leichten Schmelzbarkeit der Suberinlamelle bei den Filicinen besteht (B ä s e c k e 1908, S. 33). Ein weiterer Unterschied liegt darin, daß neben der ringsum aufgelagerten Suberinlamelle bei den Farnen sehr häufig Suberinlamellen vorkommen, die sich nur entlang der tangentialen Innenwand bis zu den Casparyschen Streifen erstrecken. Die Einlagerung der Suberinlamelle erfolgt im Wedel schon sehr früh, meist während die Spitze noch embryonal ist; sie erfolgt unregelmäßig, aber doch mit Bevorzugung der Siebteile gegenüber den Tracheiden. Zugleich mit der geschlossenen Ausbildung der Sekundärendodermis verschwindet die Stärke aus den Parenchymzellen des Wedels, und es tritt unter Bräunung der Membran Öl und Fett in ihnen auf.

Die physiologischen Scheiden der Equiseten beschreibt P l a u t (1910). Es handelt sich bei den Equiseten durchwegs um Primärendodermen, wobei der Casparysche Streifen bei den Zylinderendodermen und den Innenendodermen zuerst gegenüber den Leitbündeln und bei den Leitbündelendodermen zuerst vor den Siebteilen angelegt wird. In den folgenden Jahren haben sich eine große Anzahl besonders englischer Autoren hauptsächlich mit der Anordnung der Endodermis bei den Farnen beschäftigt. Eine ausführliche, zusammenfassende Darstellung dieser Literatur findet sich bei O g u r a (1938). Dies Buch kann heute als Grundlage für die Anatomie der Farne dienen. v. G u t t e n b e r g weist in dem Abschnitt über die Farnendodermen in vielen Fällen auf die Darstellung bei O g u r a (1938) hin. Faßt man die bisherigen Ergebnisse über das Vorkommen der Endodermis in den Farnwedeln zusammen, so kann man nach v. G u t t e n b e r g (1943 b, S. 102) sagen: „Die Wedel besitzen bei den Eusporangiatae entweder gar keine Endodermen (Marattiaceae) oder nur solche im Blattstiel, nicht aber in den Spreiten (Ophioglossaceen). Bei den Leptosporangiatae treten oft protostelische Formen von C-, X- oder T-förmiger Querschnittsform auf, sie sind alle ektophloisch und von einer Gesamtendodermis umgeben. Bei Auflösung des Bündels in Meristelen treten fast überall kontinuierliche Einzelscheiden auf."

II. Farnendodermen im Fluoreszenzlicht.

Der Italiener E l i s e i war wohl der erste, der die Endodermis im Fluoreszenzlicht eingehender betrachtet hat. Neben 96 Wurzeln von Blütenpflanzen und dem Stamm von *Equisetum arvense* wurden in seiner Arbeit auch 3 Endodermen von Farnwurzeln beschrieben. Ich verdanke Herrn Oberst Dr. h. c. H a i t i n g e r den Hinweis auf diese im deutschen Schrifttum noch wenig bekannte Arbeit. E l i s e i geht bei der Untersuchung der 100 Pflanzen immer in gleicher Weise vor: Nach einer kurzen Übersicht über die Größe der Wurzeln und über die Lage der einzelnen Gewebe werden die Schnitte sowohl 'im Tageslichtmikroskop nach Behandlung mit Phloroglucin-Salzsäure und Sudan III als hauptsächlich im ultravioletten Licht ungefärbt und nach Färbung mit den Fluorochromen Chlorophyll und Chelidoxantin beschrieben. Aus dem Verhalten des Casparyschen Streifens diesen Stoffen gegenüber schließt der Verfasser auf eine eindeutige Verholzung desselben. Er bezeichnet die Eigenfluoreszenzfarbe der Casparyschen Streifen im allgemeinen als hellblau-gelblich; eine Ockerfarbe stellt er nur an der Wurzelendodermis von *Polystichum Filix-mas* Rottboll und *Adiantum Capillus-Veneris* L. fest[2].

[2] Auf Farne bezieht sich auch die folgende fluoreszenzmikroskopische Beobachtung von M e t z n e r, auf die mich Herr Professor J. G i c k l h o r n

Ich wählte für meine Beobachtungen hauptsächlich die W e d e l d e r F a r n e. Dabei bin ich in der Terminologie der in Deutschland heimischen Pflanzen M a n s f e l d (1940) gefolgt; für die ausländischen Farne mußte im allgemeinen die Nomenklatur E n g l e r - P r a n t l s (1902) verwendet werden. Die systematische Einordnung der Objekte erfolgte nach dem System von W e t t s t e i n (1935, 4. Aufl.).

In der folgenden Beschreibung der primären Fluoreszenz der Querschnitte sollen drei besonders schöne Objekte an die Spitze gestellt werden.

Cystopteris Filix-fragilis (L.) Borb.
Fundort: Vogelberg bei Krems.
Querschnitt durch den Blattstiel knapp unterhalb der 1. Fiederabzweigung.

Die Kutikula hebt sich nur etwas heller von den himmelblau leuchtenden verdickten Zellwänden der Epidermis und der wenigen hypodermalen Zellreihen ab. Die übrigen Parenchymwände fluoreszieren nicht. In diesem dunklen Grundgewebe liegen die beiden gleichgestalteten Gefäßbündel. Sie haben scheibenförmigen Querschnitt, und ihre Xylem- und Phloemelemente sind so angeordnet, wie es dem „Onoclea-Typus" O g u r a s (1938) entspricht (Abb. 6). Die Endodermis, die jedes der beiden Bündel umgibt, zeigt an den Casparyschen Streifen, die hier fast die ganze Radialwand einnehmen, g o l d g e l b e Fluoreszenz. Gegen ihr starkes Leuchten tritt die ganz schwach gelbliche Fluoreszenz der inneren Tangentialwände sehr zurück, während die äußeren Tangentialwände völlig unsichtbar sind. Ebenso unsichtbar sind die Wände des Perizykels, während das Phloem schwach graublau fluoresziert. Das Xylem, dessen Tracheiden lückenlos, das heißt nicht durch dunkle Parenchymzellen unterbrochen, aneinanderschließen, leuchtet hellblau, an manchen Stellen grell grüngelb.

freundlich aufmerksam machte: „Ganz besonders farbenprächtig ist ein Querschnitt durch den Wedelstiel von *Pteris longifolia* (Fig. 13/14, Taf. XXXVI) im Fluoreszenzmikroskop. Die Epidermis ist leuchtend gelb; dann folgt eine schwach bräunliche Schicht und der auch in der Photographie hell hervortretende Gürtel stark verdickter Zellen, der besonders nach innen zu (mit steigender Kutinisierung) intensiv gelb leuchtet. Die Zellwände des Grundgewebes zeigen einen schönen Goldglanz (den ich sonst nie so ausgeprägt antraf), während der eingebettete Leitgewebestrang wieder hellere Töne aufweist: Die Gefäße hellgrünlich, das umgebende kleinzellige Gewebe mit den Siebteilelementen mattbräunlich. Den Abschluß gegen das Parenchym bildet die Endodermis, deren radiale Wände hier als feine gelbleuchtende Punkte das Ganze wie eine Perlenkette einfassen." M e t z n e r (1930 a, S. 429).

Polystichum lonchitis (L.) Roth
Fundort: Weg von Schladming zur Preintalerhütte.
Querschnitt durch den Blattstiel.

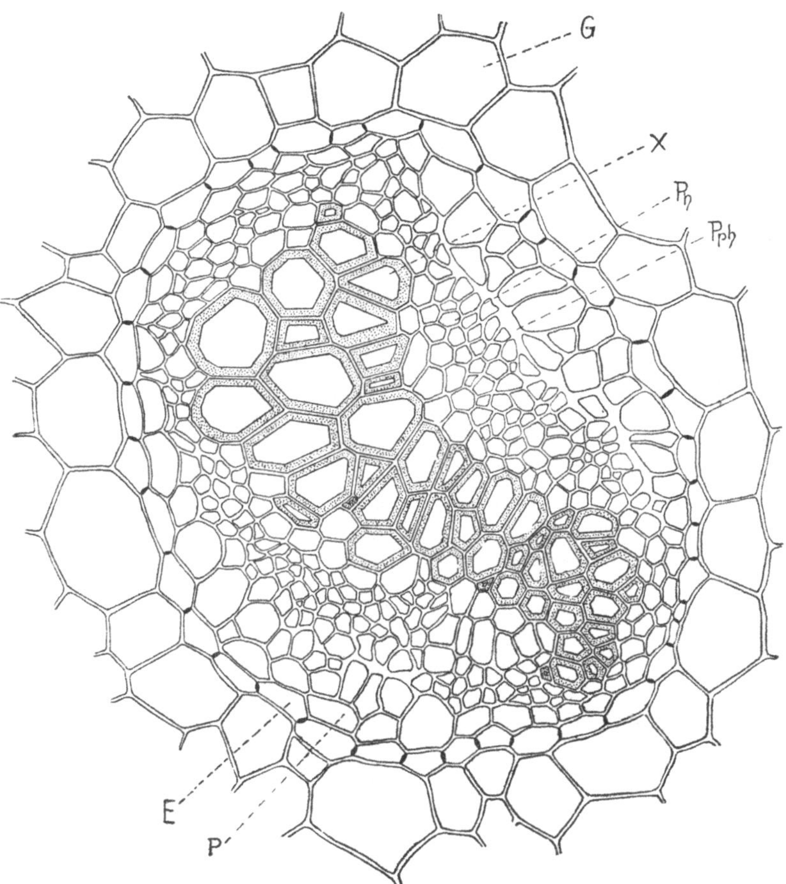

Abb. 6. Cystopteris Filix-fragilis. Querschnitt durch ein Gefäßbündel des Blattstieles. E = Endodermis, G = Grundparenchym, P = Perizykel, Ph = Phloem, Pph = Protophloem, X = Xylem.

Das Stelensystem dieses Blattstieles besteht aus 4 Gefäßbündeln, die in einem Bogen angeordnet sind. Zwei dieser Bündel
(die Oberstränge nach T h o m a e 1886) sind größer, liegen an der
Oberseite des Blattstieles und haben ein ungefähr dreieckiges

Xylem, das an einer Seite hakenförmig umgebogen ist (Abb. 7),
zwei Bündel sind kleiner (die Unterstränge nach T h o m a e 1886)
und haben ellipsenförmiges Xylem. Diese Art der Anordnung wurde
von T h o m a e (1886) als „Aspidien-Typus" bezeichnet. Im Fluoreszenzlicht gibt dieser Schnitt ein besonders klares Bild: Die Kutikula

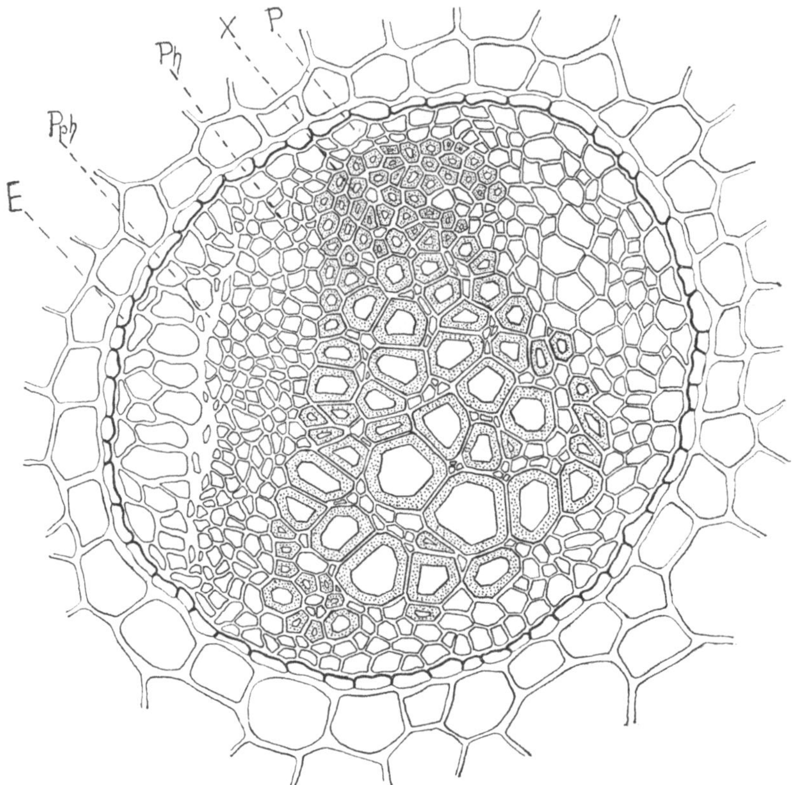

Abb. 7. Polystichum lonchitis. Querschnitt durch ein Gefäßbündel des
Blattstieles. E = Endodermis, P = Perizykel, Ph = Phloem, Pph =
= Protophloem, X = Xylem.

leuchtet weißblau. Die Epidermis und die anschließenden hypodermalen Zellreihen sind stark verdickt und fluoreszieren hellblau
mit vereinzelten gelben bis gelbbraunen Flecken. Die Parenchymzellen leuchten nicht. Um so schöner heben sich die 4 Gefäßbündel
davon ab, jedes von ihnen umgeben von einer strahlend g o l d-
g e l b e n Endodermis. Da sich die Endodermis hier deutlich in

sekundärem Stadium befindet, leuchten alle Zellwände, und zwar die äußeren Tangentialwände am schwächsten und nur unregelmäßig gelblich, heller goldgelb die inneren Tangentialwände und am hellsten die Radialwände mit ihren Casparyschen Streifen. Die Zellwände des Perizykels und des Phloems sind völlig dunkel, und nur das Xylem leuchtet himmelblau mit schwach dunkelblauem Protoxylem. In den größeren Stelen liegen dunkle Parenchymzellen zwischen den helleuchtenden Tracheiden.

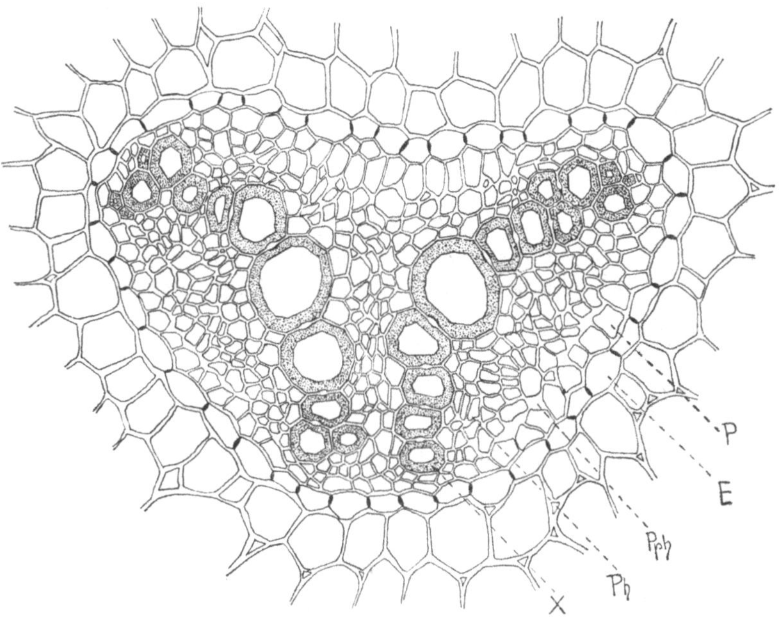

Abb. 8. Marsilia hirsuta. Querschnitt durch das Gefäßbündel des Blattstieles. E = Endodermis, P = Perizykel, Ph = Phloem, Pph = Protophloem, X = Xylem.

Marsilia hirsuta R. Br.

Warmhaus des Botanischen Institutes. — Heimat: NO-Australien.

Querschnitt durch den basalen Teil des Blattstieles.

Im Hellfeld fallen hier besonders die zahlreichen Luftkammern in der Rinde auf, die durch einzellige Parenchymzellreihen voneinander getrennt sind. Im Fluoreszenzlicht ist davon nichts zu sehen, da außer der silberblauen Kutikula weder die verdickte Epidermis noch die Zellwände der gesamten Außenrinde leuchten.

Starke hellblaue Fluoreszenz zeigt dagegen der 2—3 Zellreihen breite Sklerenchymring der Innenrinde. Er ist von der zentralen Stele durch zwei nicht leuchtende Parenchymzellreihen getrennt. Zwischen diesen innersten dunklen Rindenschichten und den ebenfalls dunklen Zellen des Phloems und des Perizykels bildet der Kranz der Endodermiszellen eine auffällig hervortretende Scheide. Die Zellen sind durchwegs im Primärstadium, daher leuchten auch nur die Casparyschen Streifen in herrlicher g o l d g e l b e r Farbe. Innerhalb der Endodermis fluoresziert nur das Xylem hellblau wie der Sklerenchymring. Es ist in zwei kleinen Bögen angeordnet, deren konvexe Seiten einander genähert liegen und die an der Oberseite einen breiten Raum zwischen sich frei lassen. In diesem Raum sowie in den beiden seitlichen Buchten der Xylembögen liegt das nicht leuchtende Phloem (Abb. 8).

Die drei untersuchten Exemplare stimmen in bezug auf die charakteristische Goldfärbung der Endodermis, vor allem des Casparyschen Streifens, völlig überein.

Meine Beobachtungen an den übrigen untersuchten Farnen sollen nun in systematischer Reihenfolge zur Darstellung gebracht werden.

Botrychium Lunaria (L.) Sw.
Fundort: Bergwiese bei Mallnitz.

In dem Querschnitt, der durch den Blattstiel noch vor der Spaltung in den fertilen und sterilen Teil geführt wurde, liegen 4 ektophloische Bündel, die fast kollateral gebaut sind (vgl. O g u r a, 1938, S. 290). An ihnen sieht man im Fluoreszenzlicht nur das Xylem graublau leuchten. Keine regelmäßige Zellschicht um die Gefäßbündel wird erkennbar, die durch das Leuchten der Casparyschen Streifen einer Endodermis entsprechen könnte, obgleich L a n g (1913), wie O g u r a (1938) angibt, für das Blatt von *Botrychium Lunaria* eine Endodermis gefunden hat, die das Bündel vollständig umgibt. Nach B ä s e c k e (1908) ist bei *Botrychium*-Arten eine Endodermis im Rhizom allgemein vorhanden, während sie sich im Wedel verliert. V o n G u t t e n b e r g (1943 b) erwähnt bezüglich der Ophioglossales (S. 105): „Die Endodermen sind überall primär und oft unregelmäßig. Stets setzen sie sich in dem Blattstiel fort und verlaufen dort über eine kürzere oder längere Strecke nach oben." Ich untersuchte daraufhin noch mehrere Schnitte in verschiedenen Höhen des Blattstieles, konnte aber bei keinem eine Endodermis finden. E i n e m i t C a s p a r y s c h e n S t r e i f e n a u s g e s t a t t e t e E n d o d e r m i s i s t a l s o n i c h t v o r h a n d e n.

Marattia alata Sm. (Abb. 9)
Warmhaus des Botanischen Institutes. — Heimat: Tropisches Amerika.

Zum Vergleich wurden von einem jungen und einem älteren Blatt Schnitte in verschiedenen Höhen des Blattstieles und der Blattrippe (Rachis) hergestellt. Überall leuchtet nur die Kutikula himmelblau und die Xylemgruppen hellblau mit matter dunkleren Protoxylemen. Je nach Alter des Blattes und Höhe des Querschnittes kommt dazu noch das mattblaue Leuchten des hypodermalen Festigungsringes. Nirgends jedoch ist an der Peripherie der Bündel eine abgrenzende Zellschicht erkennbar, deren Wände oder Teile der Wände ein Leuchten zeigten: also keine Casparyschen Streifen. Eine eigentliche Endodermis fehlt auch hier, was Bäsecke (1908, S. 35), v. Guttenberg (1943 b, S. 106) und Ogura (1938, S. 305) bestätigen.

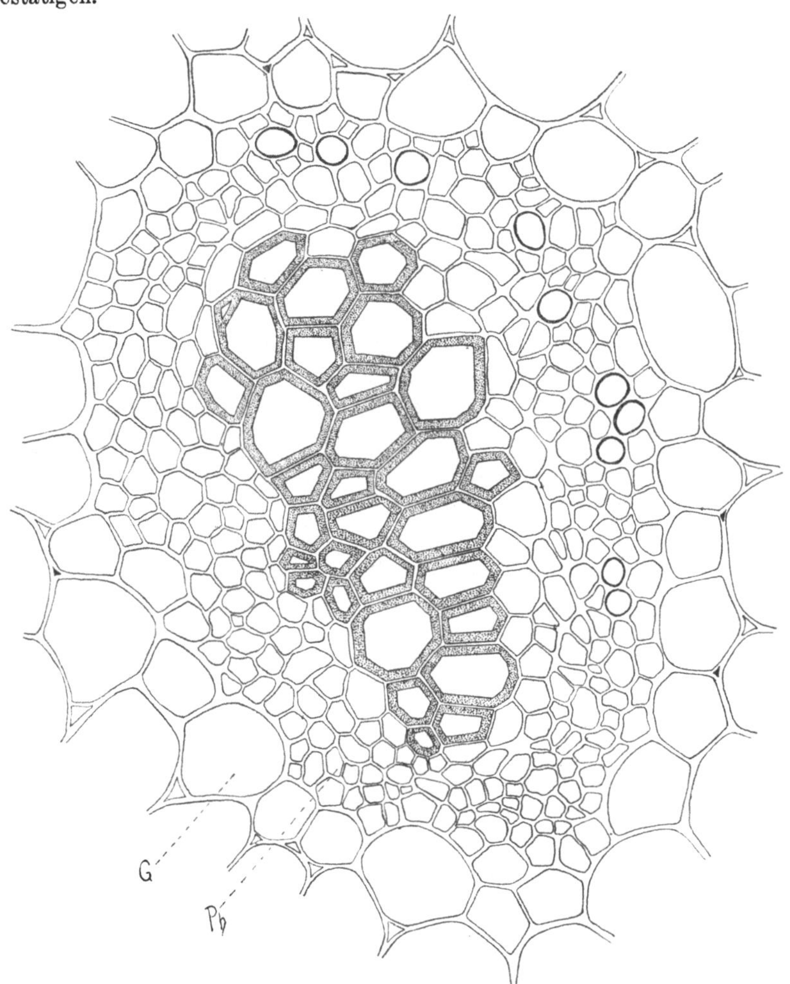

Abb. 9. *Marattia alata.* Querschnitt durch ein Gefäßbündel des Blattstieles. G = Grundparenchym, Ph = Phloem; Endodermis fehlt.

Angiopteris Teysmanniana de Vriese
Botanischer Garten in München. — Heimat: Java.
Querschnitt durch verschiedene Höhen der Blattrippe.

Diese Querschnitte zeigen fast alle dasselbe Bild wie bei *Marattia alata.* Nur die Kutikula leuchtet silberblau, etwas matter blau der hypodermale Ring verdickter Zellen und hellblau bis grünlichblau das Xylem. An manchen Stellen sieht man an der Außenseite der Stele die verdickten Protophloemecken sternförmig in mattem Grau aufleuchten. Jedoch sind auch hier k e i n e   C a s p a r y s c h e n   S t r e i f e n   sichtbar.

Das Fluoreszenzbild bestätigt somit, was schon H a b e r - l a n d t (1881) gefunden hat und v. G u t t e n b e r g (1943 b, S. 106) noch als gültig angibt, daß nämlich Blattstiel und Blattspreite der Marattiales keine Endodermis besitzen.

Leptopteris superba (Col.) Hook
Botanischer Garten in München. — Heimat: Sehr feuchte, schattige Wälder Neuseelands.
Querschnitt durch die Blattrippe in 33 cm Spitzenabstand.

Die Kutikula leuchtet silberblau, die Zellwände des gesamten Rindenparenchyms hellblau und das Xylem der zentralen, C-förmigen Stele in der Mitte hellblau und an den Rändern gelbgrün. Eine deutliche Endodermis ist.vorhanden, nur heben sich die Casparyschen Streifen nicht in so strahlend goldgelber Farbe von den übrigen Zellwänden ab, wie dies sonst bei den Farnen der Fall ist; ihre Fluoreszenzfarbe ist vielmehr h e l l b l a u   und nur an wenigen Zellen etwas gelbgrün. Das Leuchten erstreckt sich über die ganze Radialwand und verbreitert sich an der Ansatzstelle der inneren Tangentialwand keilförmig.
An einem zweiten Schnitt in 23 cm Entfernung von der Blattspitze leuchteten die Casparyschen Streifen ebenfalls nur h e l l b l a u.

Leptopteris hymenophylloides (Rich. & Less.) Presl
Botanischer Garten in München. — Heimat: Feuchte, schattige Wälder Neuseelands.
Querschnitt durch die Mittelrippe in 28 und 9 cm Entfernung von der Blattspitze.

Die weitgehende Übereinstimmung des Fluoreszenzbildes mit *Leptopteris superba* wird auch durch die gleiche Fluoreszenzfarbe der Casparyschen Streifen deutlich; ihr h e l l b l a u e s Leuchten nimmt ebenfalls die ganze Radialwand ein und verbreitert sich nach innen zu keilförmig.

Osmunda gracilis
Warmhaus des Botanischen Institutes. — Heimat: Nordamerika.
Querschnitt durch den Blattstiel.

Die Stele hat wieder C-förmige Gestalt, wie überhaupt die Gefäßbündel der Osmundaceen in ihrer Form und ihrem Bau große Übereinstimmung zeigen, so daß sie O g u r a (1938) als „Osmunda-Typus" zusammengefaßt hat. Das Xylem hat die gleiche Gestalt wie die Stele und leuchtet hellblau. Umgeben wird das Gefäßbündel in seinem ganzen Umfange von einer Endodermis. Dies wird auch von O g u r a (1938) bestätigt, während T h o m a e (1886) eine Schutzscheide nur für die Unterseite des Bündels angibt. Von den Zellwänden der Endodermis leuchten nur die Casparyschen Streifen h e l l b l a u   b i s   h e l l g r ü n b l a u.
Osmunda regalis hatte ich noch nicht zu untersuchen Gelegenheit.

Lygodium japonicum Sw.
Warmhaus des Botanischen Institutes. — Heimat: Japan, China, tropisches Australien.
Querschnitt durch den Blattstiel.

Die Kutikula leuchtet weißblau, die Epidermiswände hellblau, einige davon schon etwas hellbraun. Alle Zellwände der Rinde sind annähernd gleichmäßig stark verdickt; ihre Färbung ist in den äußersten Zellreihen noch matt himmelblau, nach innen zu wird jedoch die Mittellamelle gelbleuchtend, die sekundären Verdickungsschichten braun. Es ist nur eine zentrale, kreisförmige Stele vorhanden. Die Endodermis sieht recht unregelmäßig aus, wie von innen gegen die verdickte Rinde gedrückt. G o l d g e l b leuchten die Radialwände mit den Casparyschen Streifen, wesentlich schwächer hell- bis bräunlichgelb die tangentialen Wände, besonders die innere Tangentialwand. Das Xylem hat die Gestalt eines Dreieckes, an dessen abgestumpften Ecken je zwei dunklere Protoxylemgruppen liegen. Das Phloem, das in der Hauptmasse in den drei eingebuchteten Xylemseiten liegt, leuchtet nicht.

Aneimia Phyllitidis Sw.
Warmhaus des Botanischen Institutes. — Heimat: Tropisches Amerika.
Querschnitt durch den Blattstiel in Basisnähe.

Hier ist nur die Epidermis, die gelbbraun fluoresziert, und einige hellblau fluoreszierende hypodermale Zellreihen verdickt, die Zellwände des Grundparenchyms sind unverdickt und leuchten nicht. Die Stele hat C-förmige Gestalt und entspricht ungefähr dem Umriß des blaugrün fluoreszierenden Xylems, nur sind die beiden Enden des Xylembogens noch eingeschlagen und fluoreszieren an diesen Stellen rein hellblau. Sklerenchymfasern, die sich innerhalb des Phloems befinden, leuchten weißblau. Umgeben ist die Stele von der Endodermis, deren Casparysche Streifen strahlend g o l d g e l b, die übrigen Wände schwächer grau- bis braungelb leuchten.

In einem zweiten Schnitt, der durch die Mittelrippe in der Nähe der Blattspitze geführt wurde, zeigt die Endodermis auch schon deutlich Sekundärcharakter mit intensiv g o l d g e l b e n Casparyschen Streifen und gelblichgrauen Tangentialwänden.

Trichomanes radicans Sw.
Warmhaus des Botanischen Institutes. — Heimat: Irland, Amerika, tropisches Afrika, Asien.
Querschnitt durch den Blattstiel.

Die silberblaue Kutikula ist durch die völlig dunkle Epidermis von der verdickten, hellblau leuchtenden Rinde getrennt. Die Verdickung ihrer Wände nimmt nach außen so stark zu, daß das dunkle Zellumen oft verschwindend klein wird. Am Außenrand der Rinde liegen einige hellgelbe bis braungelbe Zellgruppen, deren Färbung ähnlich der der Casparyschen Streifen ist. In der runden zentralen Stele leuchtet das herzförmige Xylem hellblau. Es wird nur an der Unterseite von Phloem umgeben, dessen Wände schwach graugelblich sind. Die Zellwände des Perizykels leuchten nicht. Um so schöner hebt sich das Leuchten der Endodermiszellen davon ab, die bei *Trichomanes radicans* dauernd im Primärstadium bleiben (B ä s e c k e, 1908). Es leuchten daher auch nur die Casparyschen Streifen, die sich ungefähr über $^3/_4$ der Radialwände erstrecken, in strahlend g o l d g e l b e r Farbe. Sie liegen ganz der inneren Tangentialwand genähert, sind innen breiter und nehmen nach außen zu keilförmig an Dicke ab.

Cibotium Schidei Cham. et Schlecht
Palmenhaus von Schönbrunn. — Heimat: Zentralamerika.

In diesem Querschnitt, der durch die Mittelrippe einer Endfieder geführt
wurde, leuchten ausnahmslos alle Zellwände in weißgelber, braungelber oder
hellblauer Fluoreszenz. Trotzdem aber treten die g o l d g e l b e n Casparyschen Streifen, die ²/₃ des inneren Teiles der Radialwand aufleuchten lassen,
besonders hervor. Die äußere und innere tangentiale Abgrenzung der Endodermiszellen hat dieselbe Fluoreszenz wie die nach beiden Seiten hin anschließenden Zellwände, nämlich außen graublau wie die Rindenzellen, innen
schwach graugelb wie die Zellwände des Perizykels.

Alsophila excelsa R. Br.
Botanischer Garten in München. — Heimat: Norfolk.

Der Querschnitt durch den Blattstiel hat rundlichen Umriß und wird
von einer weißblau leuchtenden Kutikula begrenzt; die Epidermis leuchtet
nicht. Der hellblau fluoreszierende, hypodermale Sklerenchymring zeigt an
vielen Stellen gelbbraune Flecken und schließt sich nach innen zu über
dunkler grünbraune Zellwände an das nichtfluoreszierende Grundparenchym
an. Darinnen liegen die ganz charakteristischen, zu ober- und unterseitigen
Gruppen angeordneten Stelen, die man nach T h o m a e (1886) als Ober-
und Unterstränge bezeichnen kann. An der Außen- und Innenseite wird jedes
Bündel von einer verschieden großen Zahl mechanischer Zellreihen umgeben, deren Zellwände besonders an der Innenseite stärker verdickt sind
und hellblau oder grünlich leuchten. Die Zellwände an der Außenseite der
Gefäßbündel sind dünnwandiger, ihre Fluoreszenz ist bald dunkel- bis gelbbraun, gelbblau oder hellgrün, selten auch von nichtfluoreszierenden
Parenchymzellen unterbrochen. Die Mehrzahl der hellblau leuchtenden
mechanischen Zellen der inneren Höhlungen der Unterstränge sind dunkelbraun gefärbt. Eine Endodermis umgibt jede der kleinen bogenförmigen
Bündel; ihre Casparyschen Streifen strahlen über die inneren ²/₃ der endodermalen Radialwände herrlich g o l d g e l b. Sie haben auch im Hellfeld
braune Farbe. Ein Leuchten der äußeren tangentialen Endodermiswand ließ
sich nicht feststellen; die äußere Abgrenzung der Endodermiszellen hat
immer die Fluoreszenzfarbe der anschließenden innersten Rindenschicht. Die
innere Tangentialwand leuchtet schwach gelblichgrau, hauptsächlich in Nähe
der Ansatzstelle der Casparyschen Streifen an die Innenwand. In den einzelnen Meristelen ist die Fluoreszenzfarbe des V-förmigen Xylems hellblau
mit etwas weißblauen Rändern, an jedem medianen Innenrand liegt ein
dunkel mattblaues Protoxylem. Ganz zart leuchtendes Phloem umgibt das
Xylem, und nur die Zellwände des Protophloems sind etwas stärker gelblich
bis graublau sichtbar.

An einem zweiten Schnitt in 50 cm Entfernung von der Spitze hat sich
die Anzahl der Bündel auf drei verringert, die Endodermis jedoch zeigt
keine Veränderung, vor allem nicht an der g o l d g e l b e n Fluoreszenz der
Casparyschen Streifen.

Alsophila Cooperi F. Muell.
Botanischer Garten in München. — Heimat: Australien.
Querschnitt durch den Blattstiel.

Der anatomische Bau und die Fluoreszenzfarbe unterscheidet sich im
wesentlichen nicht von *Alsophila excelsa*. Die Casparyschen Streifen leuchten
ebenso g o l d g e l b, nur sind die inneren Tangentialwände deutlicher graubraun. Der Unterschied beruht hauptsächlich darin, daß bei *Alsophila excelsa*

die Mehrzahl der einzelnen V-förmigen Gefäßbündel durch seitliche Verschmelzung einen bandförmigen, welligen Umriß erhalten haben; auch sind viel mehr Zellwände der konkaven mechanischen Scheiden an dem unterseitigen Gefäßbündelring dunkelbraun gefärbt.

An einem zweiten Schnitt, nur 13 cm von der Blattspitze entfernt, sind die Casparyschen Streifen hellgelb. Außerdem zeigt ungefähr die halbe Anzahl der Endodermiszellen auch an den tangentialen Innenwänden deutlich hellgelbe Fluoreszenzfarbe, ähnlich den Casparyschen Streifen, die übrigen tangentialen Innenwände sind nur ganz zart grau sichtbar.

Davallia dissecta J. Smith
Warmhaus des Botanischen Institutes. — Heimat: Java.
Querschnitt durch den Blattstiel.

Die Kutikula glänzt silberblau über einer dunklen Epidermis. Von dem hypodermalen Festigungsgewebe sind die peripheren Reihen dunkelbraungelb gefärbt und nur die innersten 1—2 Reihen leuchten gelblich; sie bilden den Übergang zu den nicht oder kaum fluoreszierenden unverdickten Grundparenchymzellwänden. Eine schwarzbraune, 1—2 Zellschichten breite Stützscheide umgibt die Endodermis. Die überwiegende Mehrzahl ihrer Zellen befindet sich im Primärstadium, daher sind an diesen Zellen auch nur die Casparyschen Streifen in h e l l g e l b e r Farbe sichtbar — der Farbton ist weniger intensiv gelb als sonst —, während sich an wenigen Zellen auch eine etwas schwächere Hellgelbfärbung der inneren Tangentialwände zeigt. Die Perizykelwände leuchten nicht, schwach grüngelb die Zellwände des Phloems und weißgelb das Xylem.

Nephrolepis exaltata Schott
Warmhaus des Botanischen Institutes. — Heimat: In den Tropen sehr verbreitet.

An drei Querschnitten aus verschiedenen Höhen des Blattstieles und der Mittelrippe wurden die Fluoreszenzfarben der Gewebe verglichen.

Schnitt I: Durch den unteren Teil des Blattstieles. Die Kutikula leuchtet himmelblau, die Wände der Epidermis und der hypodermalen Region matter blau. Zahlreiche hellgelb bis hellbraun leuchtende Einzelzellen liegen in der äußersten hypodermalen Zellreihe. An der Grenze zwischen dem mattblauen mechanischen Gewebe und dem gelbbraunen inneren Teil des Parenchyms tritt meist eine Gelbfärbung der Zellwände auf. Jedes der drei rundlichen Gefäßbündel wird von einer einschichtigen, an der Innenseite stark verdickten schwarzbraunen Stützscheide umgeben. Die Casparyschen Streifen der Endodermis leuchten h e l l g e l b, ihre inneren Tangentialwände sind nur schwach graublau sichtbar. Das Xylem leuchtet hellgrünblau.

Schnitt II: In geringer Entfernung von der Blattspitze. Von den drei Bündeln des Schnittes I haben sich die beiden oberseitigen Bündel zu einem vereinigt. Die beiden C-förmigen Xylemteile innerhalb der gemeinsamen Endodermis liegen wohl sehr genähert, aber noch getrennt nebeneinander. In diesem jungen Entwicklungsstadium ist der Mittelteil des Xylems noch nicht verholzt, es leuchten daher nur die beiden peripheren Protoxyleme weiß- bis grünblau. Die Casparyschen Streifen sind h e l l g e l b, ähnlich gelb, aber viel schwächer auch die inneren Tangentialwände. Die schwarzbraune Stützscheide zeigt an den nicht verdickten und ungefärbten Wandteilen eine schwach hellgelbe Fluoreszenz. Das umgebende Parenchym leuchtet nicht. Nach außen wird es von dem hypodermalen Festigungsgewebe abgeschlossen, das matt hellblau leuchtet wie die Epidermis. Die Kutikula ist silberblau.

Schnitt III: Durch die Mittelrippe ganz nahe der Spitze. Hier zeigt sich schon eine Vereinigung aller drei Gefäßbündel. Über dem ganzen Präparat liegt ein schwach bläulicher Schimmer. Durch ihn leuchtet die Kutikula silberblau, die Parenchymwände gleichmäßig zart bläulich. Eine leuchtende hypodermale Region ist hier an der Spitze noch nicht ausgebildet, ebenso noch keine schwarzbraune Stützscheide. Alle Zellwände der Endodermis zeigen matt h e l l b l a u e Fluoreszenz, die Radialwände viel stärker, die Tangentialwände schwächer. Vom Xylem leuchten nur die drei Protoxyleme hellblau.

Dryopteris Filix-mas (L.) Schott
Botanischer Garten.
Querschnitt durch den basalen Teil des Blattstieles.

Die silberblaue Kutikula hebt sich von der mattblauen Epidermis und den folgenden mattblauen hypodermalen Zellreihen deutlich ab. Häufig treten in dieser hypodermalen Region Flecken von dunkelbrauner, hellbrauner und gelber Farbe auf. Das Parenchym leuchtet nicht, nur 1—2 Zellreihen um jedes Einzelbündel treten in graugelblicher Färbung etwas hervor. Zwei größere Oberstränge und fünf kleine Unterstränge kennzeichnen diesen Querschnitt. Jedes Bündel ist von einer U-förmig verdickten und dunkelbraunen Stützscheide umgeben. Die Casparyschen Streifen leuchten g e l b — der Farbton ist mehr grünlichgelb als sonst —, die tangentialen Innenwände ganz schwach hell. Das Phloem leuchtet nicht. Das Xylem hat zum Großteil hellblaue Fluoreszenz, nur manche Zellwände fallen durch helleren, grünlichgelben Farbton auf.

An einem zweiten Schnitt, 5 cm hinter der noch leicht eingerollten Blattspitze, leuchtet die Kutikula mäßig hellblau, noch nicht so silberblau wie im erwachsenen Zustand. Ganz schwach g r a u b l a u sieht man auch die Casparyschen Streifen der Endodermis und hellblau bis grünlichblau das Xylem.

Dryopteris parasitica O. Kze.
Warmhaus des Botanischen Institutes. — Heimat: In den Tropen weit verbreitet.
Querschnitt durch den Blattstiel nahe der Blattspreite.

Während die Anordnung der Gefäßbündel im Blattstiel von *Dryopteris Filix-mas* dem „Aspidium-Typus" O g u r a s (1938) entsprach, ist das V-förmige Bündel von *Dryopteris parasitica* nach dem „Onoclea-Typus" gebaut. Das Xylem leuchtet weißblau, die Sklerenchymzellen im Phloem hellgelb. Die Stele ist gegen das dunkle Parenchym durch sehr regelmäßig angeordnete Endodermiszellen abgegrenzt, die an den Casparyschen Streifen grell g o l d g e l b, an den Tangentialwänden viel schwächer, und zwar an den inneren noch stärker graugelb, an den äußeren schwächer bräunlichgelb fluoreszieren.

Die folgenden drei Arten von *Polystichum* unterscheiden sich im Fluoreszenzbild nur wenig von *Polystichum lonchitis* (siehe S. 17):

Polystichum lobatum (Huds.) Chevall.
Fundort: Stafftal bei Furth.
Querschnitt durch den Blattstiel.

Die verdickten Zellwände der Epidermis und der hypodermalen Region fluoreszieren hellblau, die Kutikula hebt sich etwas stärker leuchtend davon ab. Vereinzelte gelbbraune bis hellgrünblaue Zellen liegen an der

Peripherie. Die Parenchymzellwände sind dunkel, eine schwarzbraune Stützscheide ist nicht vorhanden. Die Endodermis zeigt an allen Wänden gelbe
Fluoreszenz, am schwächsten an der äußeren Tangentialwand, stärker an
der inneren Tangentialwand und am schönsten g o l d g e l b an den Casparyschen Streifen. Perizykel und Phloem sind dunkel, das Xylem hellblau.

Polystichum aculeatum (Sw.) Roth
**Warmhaus des Botanischen Institutes. — Heimat: In den Wäldern des
ganzen atlantischen Amerikas, sowie Canadas.
Querschnitt durch den Blattstiel in 30 cm Spitzenentfernung.**

Die Epidermis und der Großteil des hypodermalen Festigungsgewebes
sind schwarz- bis gelbbraun gefärbt; von ihnen strahlt grünlichgelbe Fluoreszenz in die restlichen, noch hellblau leuchtenden Zellwände aus. Das
Grundparenchym ist dunkel. Die vier Stelen sind zum Teil von einer
schwarzbraunen Stützscheide umgeben, und zwar nur an dem dem Zentrum
des Schnittes zugewendeten Stelenumfang. Die Casparyschen Streifen der
Endodermis leuchten g o l d g e l b, selten auch ihre inneren Tangentialwände, die sonst nur ganz schwach graubraun sichtbar sind. Das Phloem
leuchtet zart graugelblich, das Xylem hellblau, das Protoxylem schwach
bräunlichblau.
Ein zweiter Schnitt in 6 cm Spitzenentfernung: An die silberblaue Kutikula schließt die matter und mehr grünlichblaue Epidermis und die hypodermalen Schichten an und daran die kaum sichtbaren Parenchymwände.
Die Casparyschen Streifen leuchten an manchen Stellen — in einem Präparat
dort, wo die Stützscheide am spätesten oder überhaupt nicht ausgebildet
wird — ziemlich schwach, fast h e l l b l a u, meist aber stärker g r ü n l i c h-
b l a u. Diese grünblaue Färbung ist am intensivsten an der äußeren tangentialen Abgrenzung der Endodermiszellen, die verdickt ist und wahrscheinlich
der Tangentialwand der innersten Rindenschicht entspricht. Selten sieht
man auch die innere Tangentialwand zart aufleuchten. Das Phloem ist dunkel, das Xylem hellblau mit einigen grellgrünlichblauen Zellwänden in der
Mitte.

Polystichum falcatum Diels
**Warmhaus der Botanischen Institutes. — Heimat: Tropen und sub-
tropische Gebirge der alten Welt.
Querschnitt durch den Blattstiel.**

Die Kutikula leuchtet silberblau, die besonders an der Außenwand
stark verdickte Epidermis zeigt, ebenso wie die verdickten hypodermalen
Zellreihen, matt dunkelblaue Fluoreszenz. Manche dieser Zellwände fluoreszieren gelb bis gelbbraun. Die Parenchymwände sind völlig dunkel. Alle
Stelen, zwei größere Oberstränge und vier kleine Unterstränge, sind von
einer einschichtigen, schwarzbraunen Stützscheide umgeben. Von der Endodermis leuchten nur die Casparyschen Streifen g o l d g e l b, die inneren
Tangentialwände schwächer gelb bis graugelb; an den äußeren Tangentialwänden ist keine Fluoreszenz sichtbar. Hellblau leuchtet das Xylem. Das
Phloem zeigt gegen das Xylem matt grünblaue Farbe, gegen den Perizykel
ist es dunkel wie dieser.

Deparia Moorei Hk. Bk.
**Botanischer Garten in München. — Heimat: Neukaledonien.
Querschnitt durch den Blattstiel.**

Die Kutikula leuchtet silberblau, nur über eine kurze Strecke an der Blattunterseite ist sie dunkel. Dort ist auch die Epidermis dunkelbraun imprägniert. Zu beiden Seiten dieser dunklen Zellen leuchten die Epidermiswände hellblau, gegen die Oberseite jedoch hört das Leuchten wieder auf. Die verdickte hypodermale Region fluoresziert hellblau, die Parenchymzellwände leuchten nicht. Eine an der Innenwand verdickte, braune Stützscheide umgibt den größten Teil jeder der drei Gefäßbündel. Die Casparyschen Streifen leuchten g e l b, nicht so goldgelb wie gewöhnlich, jedoch deutlich von den viel zarter bräunlichgelben inneren Tangentialwänden der Endodermis unterschieden. Auch die Zellwände des Perizykels leuchten hier bräunlich bis weißgelb wie das Phloem und das Protophloem. Hellgrüngelbe Fluoreszenz kennzeichnet das Xylem, matter braungelbe das Protoxylem.

Ein zweiter Schnitt in 6 cm Entfernung von der Blattspitze zeigt ebenfalls die Endodermis mit g e l b e n Casparyschen Streifen und zart bräunlichgelben inneren Tangentialwänden.

Polybotrya aurita
Botanischer Garten in München.
Querschnitt durch den Blattstiel.

Das Stelensystem besteht aus zwei größeren Obersträngen und drei kleinen Untersträngen. Jedes der Bündel ist entweder ganz, meist aber nur an der gegen das Innere des Präparates gerichteten Seite von Zellen umgeben, deren Innenwände stark verdickt und dunkelbraun gefärbt sind. Die Casparyschen Streifen fluoreszieren g o l d g e l b, die Innenwand der Endodermis matter graublau. Im übrigen ist der Querschnitt dem von *Deparia Moorei* ähnlich.

Arthyrium Filix-femina (L.) Roth
Fundort: Dürnstein.
Querschnitt durch den Blattstiel in Basisnähe.

Die Kutikula leuchtet stärker weißblau als die Epidermis und die verdickten hypodermalen Zellreihen, die matter und dunkler blau fluoreszieren. Vereinzelte Zellen und Zellgruppen dieser Region sind wieder dunkelbraun gefärbt, besonders an der Mittellamelle, und strahlen in die anschließenden Wände hellgelbes bis grünlichgelbes Leuchten aus. Oft ist auch noch keine Braunfärbung vorhanden und nur das grellgelbe Leuchten mancher Zellwände sichtbar, welches in das Blau der übrigen verholzten Membranen übergeht. Die Wände des unverdickten Parenchyms sind dunkel. Die Stele entspricht dem „Onoclea-Typus" O g u r a s (1938); sie besteht aus zwei länglichen, schmalen Gefäßbündeln. Alle Zellwände der Endodermis leuchten; matt gelbbraun die Tangentialwände, davon manche innere Tangentialwand heller gelb, und intensiv h e l l g e l b bis b l a u g r ü n die Casparyschen Streifen, die sich fast über die ganze Radialwand erstrecken. Das Xylem fluoresziert nicht mehr blau, sondern zeigt Übergänge von grüngelber über hellgelbe zu braungelber Fluoreszenz.

Phyllitis scolopendrium (L.) Newm.
Botanischer Garten.
Querschnitt durch den Blattstiel in Nähe der Basis.

In dieser Höhe wird der Blattstiel von einer zentralen, X-förmigen Stele, die von O g u r a (1938) als „Asplenium-Typus" bezeichnet wird, durchzogen (Abb. 10). An den vier konkaven Stellen des Bündels liegt je eine schwarzbraune, mechanische Zellgruppe. Die Endodermiszellen unter diesen sklerenchymatischen Zellgruppen befinden sich im Sekundärstadium, denn es leuchten nicht nur die Radialwände, sondern vor allem auch die inneren Tangentialwände h e l l g e l b, während sich die Mehrzahl der übrigen Endodermiszellen, die vor den vier Protoxylemgruppen liegen, im Primär- stadium befinden und somit nur die Casparyschen Streifen g o l d g e l b aufleuchten lassen.

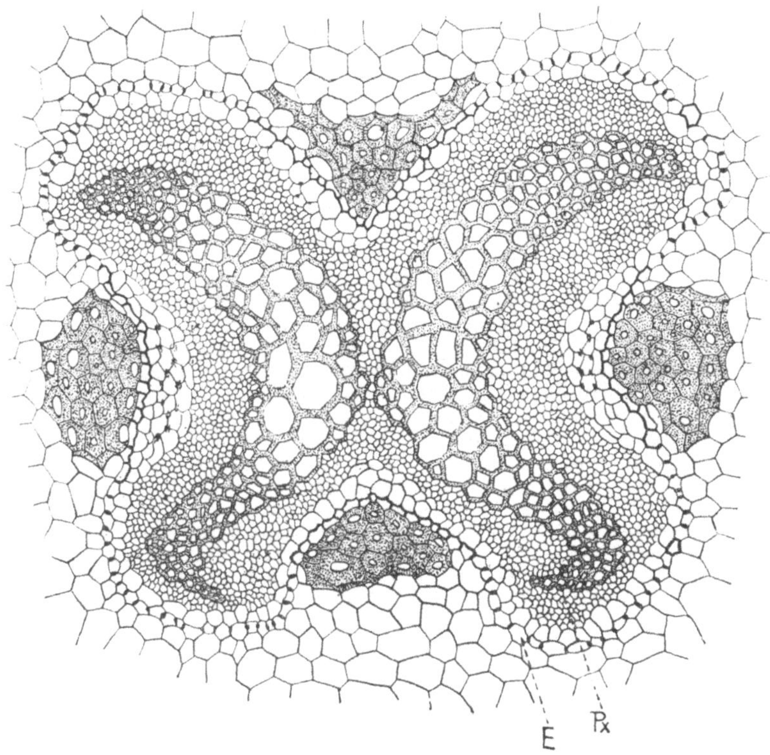

Abb. 10. Phyllitis scolopendrium. Querschnitt durch das Gefäßbündel des Blattstieles. E = Endodermis (teils primär, teils sekundär), Px = = Protoxylem.

An einem zweiten Schnitt durch den Blattstiel eines jungen, an der Spitze noch eingerollten Blattes zeigen die mechanischen Zellgruppen um die Stele erst eine beginnende Braunfärbung einiger Zellen. Die übrigen Zellen, die später noch braun werden, erscheinen im Fluoreszenzlicht jetzt schon zum Teil braungelb. Von der Endodermis leuchten nur die Radial- wände und eventuell anschließende Stücke der äußeren und inneren Tan- gentialwände, und zwar g r ü n g e l b an den Radialwänden, die innerhalb der mechanischen Zellen liegen und schwächer h e l l b l a u an den von mechanischen Zellen freien Stellen über den vier Protoxylemen.

Diplazium esculentum (Retz) Sw.
Warmhaus des Botanischen Institutes. — Heimat: Tropisches Asien.
Querschnitte in vier verschiedenen Höhen des Blattes, von der Blatt-stielbasis (Schnitt I) bis zum Mittelnerv einer Blattfieder (Schnitt IV).

Schnitt I: Die Kutikula leuchtet silberblau. Die Wände der Epidermis sind dunkel, ebenso wie die der folgenden 1—2 Parenchymschichten, die zwischen der Epidermis und der verdickten hypodermalen Region liegen. Die Zellwände dieser Region haben die gewohnte hellblaue Holzfarbe und nur an manchen Stellen gelbbraune Flecken. Das übrige Grundparenchym ist ganz zart gelbbraun. Die charakteristisch gewundene Stele wird von einer unregelmäßigen braunen Stützscheide umgeben. Die Tangentialwände der Endodermis leuchten ganz schwach gelbbraun, die Casparyschen Streifen bewirken an ²/₃ der Breite der Radialwand ein g o l d g e l b e s Leuchten. Im Anschluß an die dunklen Perizykelwände fluoresziert das Protophloem stärker weißblau, das Ploem zart gelbgrau. Das Xylem zeigt zum über-wiegenden Teil grüngelbe Fluoreszenzfarbe, nur an wenigen Stellen ist es hellblau (Protoxyleme). Zwischen Phloem und Xylem leuchten zahlreiche weißgelbe mechanische Zellen.

Die Schnitte II, III und IV zeigen, ausgenommen die Casparyschen Streifen und das Xylem, im allgemeinen ein Abnehmen der Fluoreszenz mit abnehmender Entfernung von der Blattspitze. So geht die strahlend silber-blaue Kutikula bis zu Schnitt IV in matter hellblaues Leuchten über. An den nicht fluoreszierenden Epidermiswänden tritt keine Veränderung ein. Die hellblau leuchtende hypodermale Region, die in Schnitt I noch durch 1—2 dunkle Zellreihen von der Epidermis getrennt war, rückt nun ganz an die Epidermis heran, umfaßt immer weniger Zellreihen, bis schließlich im Schnitt IV das Leuchten in breitem Umkreis der seitlichen Durchlüftungs-streifen ganz aufhört. Die an den basalen Schnitten zahlreichen gelbbraunen Flecken werden immer geringer. Die unverholzten übrigen Parenchym-wände verlieren ihre anfangs schwach gelbbraune Fluoreszenz vollständig. Daß die schwarzbraune Stützscheide immer geringer ausgebildet wird, bis sie schließlich im Schnitt IV vollständig verschwindet, wirkt sich im Fluo-reszenzlicht kaum aus. Die g o l d g e l b e Fluoreszenz der Casparyschen Streifen bleibt in allen Präparaten unverändert, nur die Breite des Streifens nimmt stark ab bis auf ¹/₄ der Radialwand. Das Leuchten der äußeren Tangentialwand verschwindet vollständig, nur die innere Tangentialwand kann man noch ganz schwach bräunlichgrau erkennen. An den nicht leuch-tenden Perizykelwänden tritt keine Veränderung ein. Im letzten Schnitt ist auch jegliches Leuchten des Phloems und Protophloems erloschen und nur das Xylem leuchtet noch hellblau, ohne jede Gelbfärbung, die in den vorigen Schnitten noch stellenweise beobachtet werden konnte. Auch die im untersten Schnitt weißgelb, dann graugelb fluoreszierenden mechanischen Zellen in der Stele leuchten mit zunehmender Höhe des Schnittes nicht mehr; im Hellfeld kann man sie noch unverändert an ihren verdickten Zellwänden erkennen.

Von den sechs untersuchten Farnen der Gattung *Asplenium* haben be-sonders die vier einheimischen Arten weitgehende Ähnlichkeit in ihrem Bau. Dies kommt auch in der fast völligen Übereinstimmung des Fluoreszenz-bildes zum Ausdruck. Bei allen vier Arten wurden die Schnitte durch den basalen Teil des Blattstieles geführt:

Asplenium Ruta-muraria L.
Fundort: Krems a. d. Donau auf Mauermörtel.

Asplenium septentrionale (L.) Hoffm.
Fundort: Wachau.

Asplenium Trichomanes L. em. Huds.
Fundort: Wachau.

Asplenium viride Huds.
Fundort: Auf schattigen Kalkfelsen in Maria-Neustift, O.-Ö.

Allen gemeinsam ist das silberblaue Leuchten der Kutikula; die stark verdickte Epidermis und die etwas schwankende Anzahl der verdickten hypodermalen Zellreihen sind im Fluoreszenzlicht ebenso unsichtbar wie die Parenchymzellwände. An etwas älteren Blättern von *Asplenium Trichomanes* und *Asplenium viride* waren über den ganzen Umfang oder nur über kurze Strecken die Epidermis und einige anschließende hypodermale Zellreihen schwarzbraun imprägniert. Um die einzige zentral gelegene Stele, die von O g u r a als „Asplenium-Typus" beschrieben wird, ist in keinem der vier Blattstiele eine Stützscheide ausgebildet. Die Endodermiszellen zeigen deutliches Sekundärstadium: ihre Casparyschen Streifen haben strahlend g o l d g e l b e Fluoreszenzfarbe, die Tangentialwände sind etwas schwächer gelblich oder hellgrünblau. Die Anordnung der Endodermiszellen ist meist recht unregelmäßig: stark ausgebuchtete, fast kugelige Zellen wechseln mit schmalen Zellen ab (*Asplenium Ruta muraria*), oder die Endodermiszellen sehen fast verknittert aus (*Asplenium Trichomanes*), oder die Radialwände teilen sich manchmal, wobei dann beide Schenkel leuchten (*Asplenium septentrionale*). Das Xylem leuchtet in allen Schnitten rein hellblau, das Protoxylem dunkler bräunlichblau. Die Zellwände des Phloems erscheinen nur ganz zart bläulich oder sind überhaupt unsichtbar, stärker weißlichblau leuchtet meist das Protophloem.

Asplenium viviparum Presl
Warmhaus des Botanischen Institutes. — Heimat: Maskarenen.
Querschnitt durch den Blattstiel in Basisnähe.

Die Kutikula leuchtet silberblau, die Zellwände der Epidermis fluoreszieren an vielen Ecken zwischen Radial- und innerer Tangentialwand zart graublau. Die verdickten Zellwände der hypodermalen Region sowie das gesamte parenchymatische Grundgewebe sind dunkel. Nur eine kleine Gruppe mechanischer Zellen an der Oberseite und ein großer halbkreisförmiger Bogen an der Unterseite des Querschnittes sind entweder ganz dunkelbraun gefärbt, oder es ist an ihnen nur die Mittellamelle schwarzbraun und die sekundären Verdickungsschichten gelbbraun. Eine 1—2 Zellreihen breite, schwarzbraune Stützscheide umgibt die beiden Stelen, die in dieser Höhe noch getrennt nebeneinander verlaufen. Die Radialwände der Endodermis leuchten an den Casparyschen Streifen g o l d g e l b, die inneren Tangentialwände deutlich graublau. Von den dunklen Perizykelwänden hebt sich das Protophloem stärker graublau, das Phloem — besonders an den Ecken — matter graublau ab. Das Xylem leuchtet hellblau.

Ein Schnitt durch den Blattstiel einer ganz jungen, noch am ursprünglichen Blatt befindlichen Pflanze zeigt die Kutikula hellblau, die Epidermis- und Parenchymwände nicht leuchtend. Die Casparyschen Streifen der Endodermis fluoreszieren g e l b, an manchen Stellen sieht man die Tangentialwände zart graublau. Außerhalb der Endodermis beginnt an einer einzigen Zelle schon die Dunkelbraunfärbung der Stützscheide. Im Inneren der Stele leuchtet nur das Xylem hellblau.

Asplenium lucidum Forst
Warmhaus des Botanischen Institutes. — Heimat: Neuseeland.
Querschnitt durch den Blattstiel in Basisnähe.

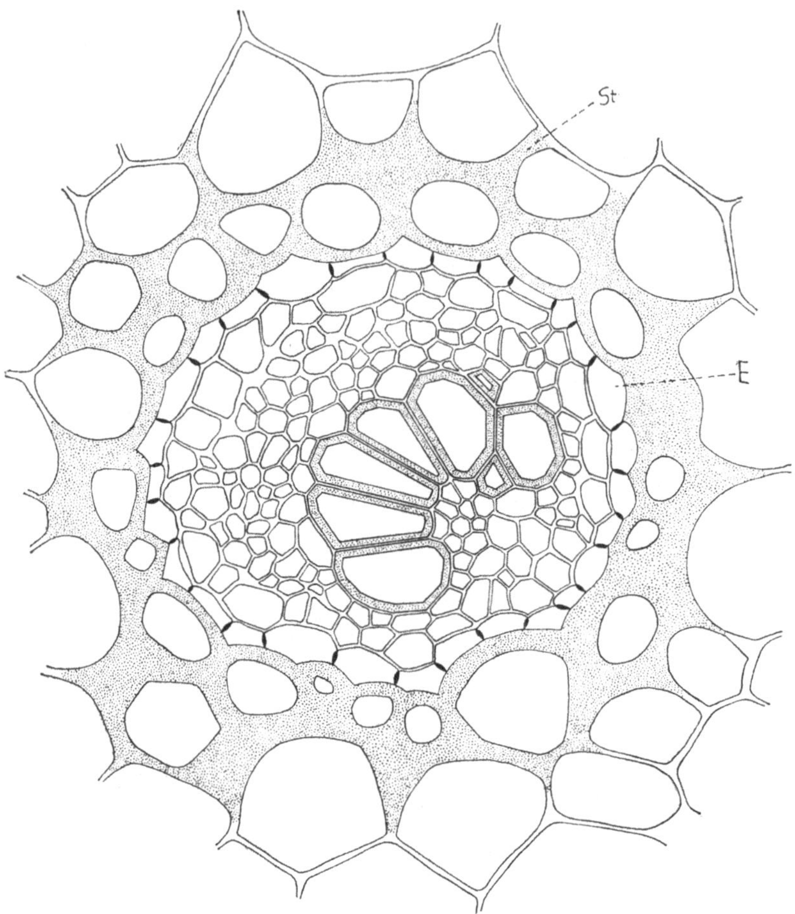

Abb. 11. Blechnum brasiliense. Querschnitt durch einen der 5 Unterstränge des basalen Blattmittelnervs. E = Endodermis, St = Stützscheide.

Die Kutikula leuchtet kaum stärker als die hellblauen Zellwände der
Epidermis und der hypodermalen Region. An einer Seite sind die Zellen
dieses Festigungsgewebes sowie meist auch die inneren Tangential- und
Radialwände der Epidermis dunkelbraun gefärbt mit gelblichem Leuchten
an den Rändern. Alle Parenchymzellwände fluoreszieren zart graublau. Jede

der drei Stelen ist von einer schwarzbraunen Stützscheide umgeben. Die Endodermis ist hier deutlich im Sekundärstadium: Die Casparyschen Streifen leuchten g o l d g e l b, die inneren Tangentialwände fast ebenso stark, aber mehr graugelb. Das hellblaue Xylem wird von ganz schwach gelblichgrauem Phloem und Protophloem umgeben.

Blechnum Spicant (L.) Roth
Fundort: Auf schattigen Felsen bei Schladming.
Querschnitt durch die Blattstielbasis eines sterilen Wedels.

Kutikula und Epidermis sind schwarzbraun, leuchten also nicht. Darunter liegen hellblau fluoreszierende hypodermale Zellreihen mit vereinzelten gelben bis gelbbraunen Zellen; oft ist die Mittellamelle dieser Zellen schon dunkelbraun gefärbt, die Verdickungsschicht jedoch erst gelb bis gelbbraun. Die Zellwände des Parenchyms leuchten nicht. Die drei Gefäßbündel werden von keiner schwarzbraunen Stützscheide umgeben. Von der Endodermis sieht man besonders bei schwacher Vergrößerung nur die Casparyschen Streifen in g o l d g e l b e r Fluoreszenz hervortreten, während man bei starker Vergrößerung auch die äußeren Tangentialwände schwach graublau, die inneren etwas stärker gelb- bis braungrau fluoreszieren sieht. Die Perizykel- und Phloemzellwände sind völlig dunkel. Das Xylem des kleinen unteren Bündels zeigt rein hellblaue Fluoreszenz, ebenso der Großteil des Xylems der beiden oberen Bündel; nur einige großlumige Zellen ihres mittleren Teiles leuchten grellgrüngelb.
Der Querschnitt durch den basalen Blattstiel eines fertilen Wedels weicht im wesentlichen nicht von dem Fluoreszenzbild des sterilen Wedels ab.

Blechnum brasiliense Desv.
Warmhaus des Botanischen Institutes. — Heimat: Tropisches Amerika.
Querschnitt durch den basalen Teil des Blattmittelnervs.

Über einer nicht fluoreszierenden Epidermis leuchtet die Kutikula weißlichblau; auch die Haare, die oben keulenförmig verdickt sind und aus zwei Zellen bestehen, zeigen besonders an dem Köpfchen milchig hellblaue Fluoreszenzfarbe. Unter der Epidermis liegt schwach hellblaues mechanisches Gewebe. Die Wände der Parenchymzellen fluoreszieren nicht. Von den sieben Gefäßbündeln dieses Querschnittes sind um die fünf Unterstränge (Abb. 11) schwarzbraune Stützscheiden ausgebildet, um die beiden größeren Oberstränge jedoch nicht. Die Casparyschen Streifen jeder Stele leuchten g o l d g e l b; das Xylem hat hellblaue Fluoreszenzfarbe, das Phloem ist ganz schwach gelblich sichtbar, das Protophloem etwas stärker graublau.

Blechnum occidentale L.
Warmhaus des Botanischen Institutes. — Heimat: Süd- und Mittelamerika.
Querschnitt durch den basalen Teil des Blattstieles.

Die Kutikula hebt sich kaum merklich von der verdickten hellblauen Epidermis ab. Die anschließende hypodermale Gewebepartie leuchtet ebenfalls hellblau, nur beginnen sich besonders an der Unterseite schon zahlreiche Zellen gelb bis gelbbraun zu färben. Die Parenchymwände sind unsichtbar. Jede der drei Stelen ist von einer schwarzbraunen Stützscheide umgeben, die ganz vereinzelt von ungefärbten Zellen unterbrochen ist. An der Endodermis strahlen nur die Casparyschen Streifen g o l d g e l b. Das Xylem leuchtet hellblau, das Phloem ist dunkel, das Protophloem an manchen Stellen zart grünlichblau.

Doodia caudata R. Br.

Botanischer Garten in München. — Heimat: Ostaustralien, Melanesien und Polynesien.

Querschnitte in 19 und 6 cm Spitzenentfernung.

Schnitt I (19 cm): Kutikula und Epidermis sind schwarzbraun; der hypodermale Ring verdickter Zellen leuchtet hellblau, das Grundparenchym ist dunkel. Von der Endodermis leuchten nur die Casparyschen Streifen, die die ganze Breite der Radialwand g o l d g e l b erstrahlen lassen; an den Tangentialwänden ist kein Leuchten zu sehen. Ebenso dunkel sind alle Zellwände innerhalb der zwei Stelen, ausgenommen das Xylem, das hellblau, an wenigen Zellen hellgrünblau leuchtet.

Schnitt II: Die Kutikula leuchtet silberblau über einer nicht fluoreszierenden Epidermis. Daran schließt sich die hellblaue hypodermale Region an und das innere dunkle Parenchym. Die Zellwände der Endodermis leuchten nur an den Casparyschen Streifen, die die ganze Breite der Radialwände erstrahlen lassen, g o l d g e l b, ganz wenige Radialwände mehr bläulich. Das Xylem hat hellblaue Fluoreszenzfarbe.

Beide Schnitte geben im Fluoreszenzlicht ein besonders schönes und klares Bild, da die ganz schwache Fluoreszenz mancher Zellwände (z. B. des Parenchyms) hier nicht auftritt.

Woodwardia radicans (L.) Sw.

Warmhaus des Botanischen Institutes. — Heimat: Tropen und Subtropen.

Querschnitt durch den Blattstiel.

In diesem Querschnitt liegen fünf Gefäßbündel, die ihrer Lage und ihrer Bauart nach dem „Onoclea-Typus" O g u r a s (1938) entsprechen. Jede dieser Stelen ist von einer einschichtigen, U-förmig verdickten, dunkelbraunen Stützscheide umgeben. Von dieser eingeschlossen leuchtet die gelbe Endodermis, wobei in den drei Untersträngen nur die g o l d g e l b e n Casparyschen Streifen sichtbar sind, in den beiden Obersträngen jedoch auch einzelne gelbe innere Tangentialwände. Auch in der Fluoreszenz des Phloems und Xylems ist ein Unterschied zwischen den Ober- und Untersträngen erkennbar: Das Phloem und Protophloem der letzteren leuchtet nicht und nur das Xylem hat einheitlich blaue Fluoreszenzfarbe; das Phloem und Protophloem der beiden Oberstränge leuchtet an manchen Stellen schwach weißlichgelb, der großlumige mittlere Xylemteil hellgrüngelb, beide Enden rein hellblau.

Pteris serrulata L. J.

Warmhaus des Botanischen Institutes. — Heimat: Afrika, Asien.

In diesem Schnitt, der durch den oberen Teil des Blattstieles geführt wurde, hebt sich die blaue Kutikula fast gar nicht von den hellblau leuchtenden, hypodermalen Zellreihen ab. Die helle Blaufärbung dieser Zellwände nimmt gegen die Mitte zu allmählich ab und geht ohne scharfe Grenze in die unverholzten Wände des Grundparenchyms über, die im Fluoreszenzlicht überhaupt nicht sichtbar sind. Um so prächtiger hebt sich davon die Endodermis der einzigen zentralen Stele ab: Ihre Casparyschen Streifen, die fast die ganze Radialwand einnehmen, strahlen in g o l d g e l b e r Farbe. Vereinzelt kann man eine Aufteilung des Casparyschen Streifens auf zwei geteilte Radialwände und somit ein goldgelbes Leuchten dieser beiden Wände beobachten. Auch durchzieht an manchen Zellen ein schwach gelbliches Band als Verbindung zweier Streifen die Zellmitte (Aufsicht eines

Casparyschen Streifens). Das Xylem hat stark hellblaue Eigenfluoreszenz, das Phloem leicht gelbliche, während das Protophloem stärker grüngelb leuchtet. Die Zellwände des Perizykels sind im Fluoreszenzlicht unsichtbar.

Pellaea rotundifolia (Forst) Hook
Botanischer Garten in München. — Heimat: Neuseeland.
Querschnitt durch die Mittelrippe der unteren Blatthälfte.

Alle Zellwände der Rinde bis zur Endodermis sind schwarzbraun. Die Endodermis hat unregelmäßige Gestalt, ihre Zellen sind besonders in radialer Richtung sehr schmal und sehen wie gegen die verdickte Rinde gedrückt aus. Daß sich die Endodermis im Sekundärstadium befindet, wird durch die gelbe bis grüngelbe Fluoreszenz der Radialwände und der inneren Tangentialwände deutlich.

Adiantum tenerum Sw.
Warmhaus des Botanischen Institutes. — Heimat: Westindien, trop. Amerika.
Querschnitt durch den Blattstiel.

Kutikula, Epidermis und wenige darunter liegende hypodermale Zellreihen sind stark verdickt, leuchten aber nicht, da sie schwarzbraun imprägniert sind. Die restlichen innersten Parenchymzellen haben grüngelb fluoreszierende Zellwände. Die V-förmige Stele ist von einer Endodermis mit strahlenden g o l d g e l b e n Casparyschen Streifen umgeben. Die äußere tangentiale Abgrenzung der Endodermiszellen leuchtet wie die innersten Rindenzellreihen schwach grüngelb, ihre inneren Tangentialwände zart graugelb. Während das Phloem und Protophloem nicht leuchten, zeigt das Xylem hellblaue Eigenfluoreszenz.

Adiantum fragrans hort.
Warmhaus des Botanischen Institutes.
Querschnitt durch den Blattstiel, nahe der Blattspreite.

Alle Zellwände der Epidermis und der Rinde bis zur Endodermis sind schwarzbraun gefärbt, leuchten also im Fluoreszenzlicht nicht. Prachtvoll umschließen dafür die g o l d g e l b e n Casparyschen Streifen, die nur den inneren Teil der Radialwände aufleuchten lassen, die V-förmige Stele. Das Xylem leuchtet hellblau, die Sklerenchymelemente an beiden Enden des Xylems mehr weißblau. Keine Fluoreszenz zeigt das Phloem und nur an manchen Stellen tritt das Protophloem schwach graublau hervor.

Adiantum reniforme L.
Botanischer Garten in München. — Heimat: Atlantische Inseln, besonders Kanaren.
Querschnitt durch den Blattstiel.

Die Kutikula ist nicht sichtbar, da die Epidermis und die äußersten Rindenschichten schwarzbraun gefärbt sind, nach innen zu leuchten sie etwas gelblichbraun. Die Endodermis hat ganz schmale Zellen (vgl. *Pellaea rotundifolia*). An ihren Radialwänden leuchtet sie kräftiger, an den inneren Tangentialwänden zarter g o l d g e l b bis g r ü n l i c h g e l b. Von den übrigen Zellwänden der Stele zeigt nur das Xylem himmelblaue Fluoreszenz.

Polypodium vulgare L.
Fundort: Vogelberg bei Krems.
Querschnitt durch die Blattstielbasis.

Die Kutikula leuchtet silberblau, die Wände der Epidermis und der hypodermalen Zellreihen matt himmelblau, besonders stark leuchtet die Mittellamelle dieser Zellen (vgl. v a n W i s s e l i n g h, 1925, S. 94). Dies ließ sich zwar auch bei einigen anderen Farnen gelegentlich beobachten, doch hier war es besonders deutlich. An drei Stellen dieser hypodermalen Region beginnt von der Epidermis aus eine schwarzbraune Infiltration der anschließenden Zellwände, von denen dann gegen die übrigen blau fluoreszierenden Zellen eine hellgelbe Färbung ausstrahlt. Die Parenchymwände sind nur ganz schwach sichtbar. Die Stele ist nach der für die Mehrzahl der *Polypodium*-Arten charakteristischen Form gebaut („Polypodium-Typus", T h o m a e 1886) und setzt sich in diesem Falle aus vier Bündeln zusammen, von denen jedes mit einer Stützscheide umgeben ist, die nur an den tangentialen Innenwänden verdickt und schwarzbraun gefärbt ist. Die Casparyschen Streifen der Endodermis leuchten g o l d g e l b; an vielen Zellen leuchten auch die inneren Tangentialwände gelb, jedoch etwas schwächer. Das Phloem ist dunkel, das Xylem besonders an den Protoxylemen hellblau, sonst grell grüngelb.

Ein zweiter Schnitt wurde 3 cm höher geführt; im allgemeinen bietet sich das gleiche Bild.

Polypodium attenuatum H. B. K.
Warmhaus des Botanischen Institutes.
Querschnitt durch den Mittelnerv der Blattspreite.

Die strahlend silberblaue Kutikula liegt über einer Epidermis, deren Zellwände nicht leuchten. Die hypodermalen Zellreihen fluoreszieren matt hellblau. Das Parenchym der Rinde ist ohne Eigenfluoreszenz. Eine dicke, schwarzbraune Stützscheide umgibt die einzige, zentral gelegene Stele, innerhalb dieser die Endodermis an den Casparyschen Streifen g o l d - g e l b e Fluoreszenz aufweist. Die tangentialen Wände leuchten schwach graugelb. Das Xylem leuchtet hellblau, etwas heller wie der verstärkte hypodermale Ring.

Ein zweiter Schnitt, der durch den Blattstiel geführt wurde, zeigt ein ähnliches Bild wie oben. Die Casparyschen Streifen sind wieder g o l d - g e l b, nur ist die Endodermis schmäler und undeutlicher und ihre inneren Tangentialwände leuchten schwach graublau.

Polypodium pustulatum Forst
Botanischer Garten in München.
Querschnitt durch den Blattstiel.

Die silberblaue Kutikula liegt über einer nicht leuchtenden Epidermis. Die hypodermale Region zeigt matt hellblaue Fluoreszenz, das Parenchym der Rinde ist dunkel. Von einer schwarzbraunen Stützscheide eingeschlossen, leuchtet die Endodermis an den Casparyschen Streifen g o l d g e l b, an den inneren Tangentialwänden zart gelblichgrau. Von den übrigen Zellwänden der Stele zeigt nur noch das Xylem Fluoreszenz, und zwar in der gewohnten hellblauen Farbe.

Polypodium quinquefolium
Botanischer Garten in München.
Querschnitt durch den Blattstiel.

Innerhalb der dicken schwarzbraunen Scheide der drei Gefäßbündel dieses Querschnittes liegt die Endodermis. Die Radialwände leuchten g e l b, die äußeren Tangentialwände — nur an wenigen Zellen sichtbar — braungelb, die inneren Tangentialwände grüngelb.

Hymenolepis spicata (L. f.) Presl
Botanischer Garten in München.
Querschnitt durch die Mittelrippe der Blattbasis.

Die Kutikula leuchtet weißblau, darunter liegt die dunkle Epidermis und meist noch eine dunkle Parenchymschicht. An manchen Stellen aber fehlen diese Parenchymzellen, und die Epidermis schließt gleich an die mächtige, hellblaue hypodermale Region an, die nicht einmal zu beiden Seiten, an denen sich die Blattlamina fortsetzt, unterbrochen ist. Das Parenchym ist dunkel. Innerhalb der dicken schwarzbraunen Scheide leuchten die g o l d g e l b e n Casparyschen Streifen und die schwächer blaugrauen inneren Tangentialwände der Endodermis. Das Phloem ist dunkel, das Xylem dagegen von hellblauer Fluoreszenz.

Elaphoglossum lucidum (Fed.) Christ
Warmhaus des Botanischen Institutes.
Querschnitt durch den basalen Teil des Blattstieles.

Die Zellwände der Epidermis leuchten nicht, nur die Kutikula strahlt silberblau. Die stark verdickten, hypodermalen Zellen fluoreszieren matt graublau, an wenigen Stellen mit hellbraun bis weißgelb leuchtenden Flecken. Die Parenchymwände sind ganz schwach sichtbar. Eine einschichtige, schwarzbraune Stützscheide umgibt jedes der fünf Bündel dieses Schnittes, die in ihrer Anordnung dem „Aspidium-Typus" nach T h o m a e (1886) entsprechen. G o l d g e l b leuchten die Casparyschen Streifen der Endodermis; sie liegen der tangentialen Außenwand genähert und nehmen ungefähr ²/₃ der Breite der Radialwand ein. Die innere Tangentialwand fluoresziert schwach graugelb. Das Xylem leuchtet stark hellblau, das Protoxylem schwach, oft mehr bräunlich. Vom Phloem sieht man nur einige Ecken schwach graublau, etwas stärker das Protophloem.

Elaphoglossum villosum (Sw.) J. Sm.
Botanischer Garten in München. — Heimat: Tropisches Amerika.
Querschnitt durch den Blattstiel.

Die Kutikula strahlt silberblau über den dunklen Epidermiswänden. Die Zellwände des hypodermalen Festigungsringes fluoreszieren schwach hell- bis grünlichblau, mit einzelnen gelbgrünen Flecken. Im dunklen Grundparenchym liegen außer den zwei größeren Obersträngen noch sieben kleine, kreisförmig angeordnete Unterstränge. Jedes dieser neun Bündel ist von einer schwarzbraunen Stützscheide umgeben. Den sekundären Zustand der Endodermis kann man deutlich erkennen: Die Casparyschen Streifen leuchten g o l d g e l b, die Mehrzahl der Tangentialwände, besonders der inneren Seite, schwächer hellgelb und wenige haben sogar ebenso goldgelbe Fluoreszenzfarbe wie die Casparyschen Streifen. Das Xylem der Unterstränge fluoresziert rein hellblau, das Phloem ist kaum sichtbar, während in den beiden Obersträngen das Xylem an vielen Stellen schon gelblich leuchtet und das Phloem deutlicher hellblau sichtbar ist.

An einem zweiten Schnitt durch die Mittelrippe der oberen Blatthälfte leuchten außer der silberblauen Kutikula nur die Zellwände der beiden Stelen. Die außen an die Endodermis anschließende Zellreihe ist an der Innenseite stark verdickt, aber nur an wenigen Zellen schwarzbraun gefärbt. Von dieser dunklen Färbung strahlt kein gelbes Leuchten in die übrigen Wände aus; sie sind auch nicht verholzt, zeigen also keine hellblaue Eigenfluoreszenz. G o l d g e l b leuchten die Casparyschen Streifen, die Tangentialwände sind nicht sichtbar. Das Xylem hat blaue bis hellgrünblaue Fluoreszenz, das Protophloem schwach graublaue.

Platycerium corderoyi hort.
Warmhaus des Botanischen Institutes.
Schnitt durch die Basis eines fertilen Blattes.

Die Kutikula leuchtet silberblau, die Epidermis und die unverdickten Parenchymwände zart graublau. Hellblaue Fluoreszenz zeigen die hypodermalen, mechanischen Zellreihen, doch nimmt die Fluoreszenz nach einer Seite hin ganz langsam ab, bis die Zellwände nur mehr schwach graublau hervortreten. Die zahlreichen, im wesentlichen gleich gestalteten Bündel folgen in Anordnung und Bau dem „Platycerium-Typus" O g u r a s (1938), wobei jedes der Bündel von Zellen umgeben ist, die an der Innenseite verdickt und meist auch braun gefärbt sind. Der Großteil der Endodermiszellen hat nur an den Casparyschen Streifen g o l d g e l b e Fluoreszenzfarbe, selten leuchten auch die inneren Tangentialwände gelb. Das Phloem ist ganz zart erhellt, das Protophloem stärker hellgrau; leuchtend hellblaue Fluoreszenz zeigt nur das Xylem.

Platycerium Willinckii Moore, *var. pygmaeum* hort.
Botanischer Garten in München. — Heimat: Java.
Querschnitt durch den basalen Teil des Blattes.

In diesem länglichen, an beiden Enden etwas zugespitzten Schnitt leuchtet die Kutikula silberblau. Die Zellwände der Epidermis sind dunkel, die des Rindenparenchyms zart graublau. Das hypodermale Festigungsgewebe zerfällt in mehrere Gruppen, die vielfach ober- und unterseits der Bündel angeordnet sind und hellblau bis gelbbraun leuchten. Nur um die drei größeren Gefäßbündel liegen Scheiden von schwarzbrauner Färbung. Die meisten Endodermiszellen der kleinen Stelen sieht man an den Casparyschen Streifen allein g o l d g e l b leuchten, und nur an ganz wenigen Zellen ist eine gelbliche innere Tangentialwand sichtbar. Die Endodermis der großen Stelen ist schon deutlich in sekundärem Zustand mit grellgelb leuchtenden Radialwänden und schwächer grünlichgelben inneren Tangentialwänden; die äußeren Tangentialwände leuchten nicht. Das Xylem hat hellblaue Fluoreszenzfarbe, die Zellwände des Phloems sind schwach hellblau angedeutet.

Photinopteris speciosa (Bl.) J. Sm.
Botanischer Garten in München. — Heimat: Malesien bis zu den Philippinen.
Querschnitt durch den Blattstiel.

Auch bei diesem Farn werden die einzelnen Gefäßbündel von einer dicken, schwarzbraunen Stützscheide umgeben, die eine grünlich bis weißgelbe Fluoreszenzfarbe in die anliegenden Wände ausstrahlt. Die Casparyschen Streifen sind g o l d g e l b, die inneren endodermalen Tangentialwände zart graublau wie die anschließenden Perizykelwände.

In einem zweiten Schnitt durch die Mittelrippe der oberen Blatthälfte fällt die Stützscheide, die das einzige zentrale Bündel umgibt, durch ihre abweichende Färbung auf: Die Mehrzahl ihrer Zellen sind schwarzbraun und nur vier nebeneinanderliegende Zellen zeigen hellblaue Fluoreszenz mit gelblichen Flecken. Dies erklärt sich daraus: Die kleinen Nerven, die die Blattspreite durchziehen, sind von einer einreihigen, gelbblau leuchtenden, mechanischen Scheide umgeben; durch Verschmelzung eines solchen seitlichen Nervs mit dem Mittelnerv ist dann diese Doppelfärbung der Stützscheide entstanden. Die Casparyschen Streifen leuchten g o l d g e l b, zartgelbgrau die inneren Tangentialwände wie die Perizykelwände.

Auch an den kleinsten Blattnerven treten besonders schön die g o l d -
g e l b e n Casparyschen Streifen der Endodermis hervor und ihre zart-
grauen inneren Tangentialwände.

Acrostichum crinitum L.
Warmhaus des Botanischen Institutes. — Heimat: Antillen und Mexiko.
Querschnitt durch den basalen Teil des Blattstieles.

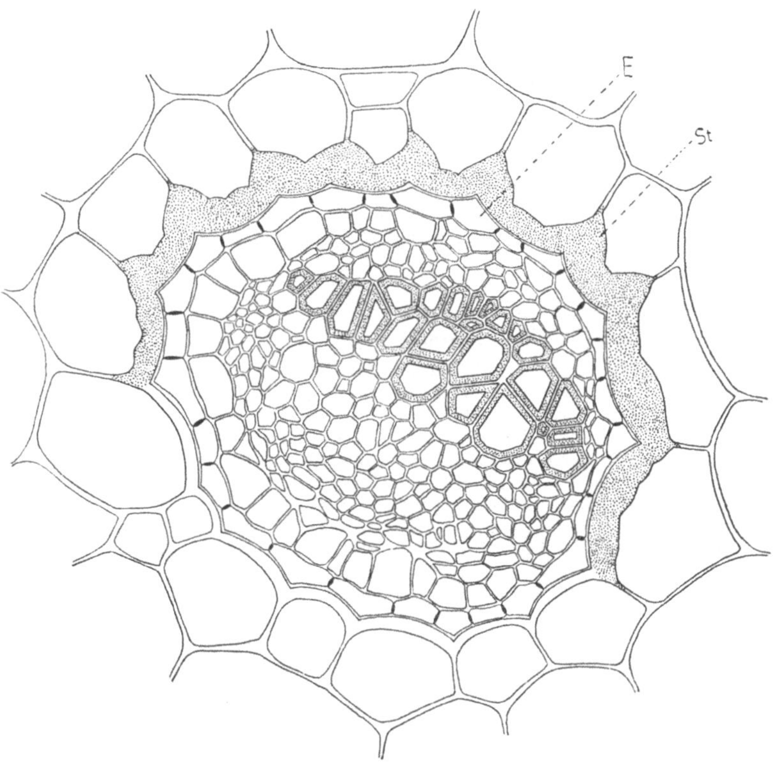

Abb. 12. Acrostichum crinitum. Querschnitt durch das Gefäßbündel
eines Blattstieles. E = Endodermis, St = Stützscheide.

Die Kutikula leuchtet silberblau, dann folgen die Epidermis und
1—2 Zellreihen, deren Wände nicht oder nur an den Ecken blau fluoreszieren; daran schließen sich die hypodermalen Zellschichten, die hellblau
leuchten. An den seitlichen Durchlüftungsstreifen sind sie durch unverdickte,
dunkelbraune Zellen unterbrochen. Das Parenchym leuchtet ganz schwach.
Es ist merkwürdig, daß die Stützscheide aller fünf Bündel dieses Querschnittes nur an der inneren, dem Zentrum des Schnittes zugewendeten
Hälfte ausgebildet und schwarzbraun gefärbt ist (Abb. 12). Die Caspary-

schen Streifen strahlen in goldgelber Fluoreszenz, Tangentialwände sind nicht sichtbar. Das Xylem leuchtet hellgrünblau, das Phloem gelblich, stärker grüngelb das Protophloem.

Salvinia auriculata Aubl.
Glashaus des Pflanzenphysiologischen Institutes.
Querschnitt durch den Stengel.

Im Hellfeld sieht man die innersten Rindenzellreihen stark verdickt und gelb bis gelbbraun gefärbt. Diese Färbung geht auch auf die Casparyschen Streifen der Endodermis über, bis an die innere Tangentialwand. Im primären Fluoreszenzlicht zeigen alle Zellwände der Stele schwach grünblaue Fluoreszenz, ausgenommen die dunklen Xylemringe. Die Casparyschen Streifen der Endodermis strahlen goldgelb, Tangentialwände sind nicht sichtbar.

Alle bisherigen Beobachtungen beziehen sich auf die Endodermis des Farnblattes. Ich füge zur Ergänzung noch für einige Objekte die Ergebnisse meiner Untersuchungen an Rhizom und Wurzel an.

Davallia dissecta J. Smith
Querschnitt durch das Rhizom.

Die Kutikula leuchtet silberblau; sie ist an einigen Stellen, an denen die Spreuschuppen ansetzen, unterbrochen. Die Zellwände der Epidermis und des gesamten Grundparenchyms fluoreszieren nicht oder nur ganz schwach. Im Hellfeld sieht man, daß die Zellen des Parenchyms etwas verdickte Wände haben; außerdem ist die innerste Schicht dieses Gewebes, die jede Stele umgibt, an der Innenseite U-förmig verdickt, aber nicht braun gefärbt. Von den 11 Stelen des Querschnittes sind die beiden dorsal und ventral gelegenen merklich größer als die vier bzw. fünf seitlichen. Um diese neun kleinen Gefäßbündel reiht sich eine Endodermis im Primärstadium, deren Casparysche Streifen goldgelb aufleuchten; bei den zwei größeren Stelen leuchten auch die Casparyschen Streifen gelb, doch sind an verschiedenen Zellen schon teils deutlich, teils nur schwach gelblichgrün leuchtende tangentiale Innenwände — seltener auch Außenwände — sichtbar. Das Xylem der kleinen Stelen fluoresziert hellblau, das der beiden größeren nur an den Enden hellblau, die mittleren, weitlumigen Tracheiden leuchten gelbgrün. Die Zellwände des Phloems sind dunkel, nur das Protophloem zeigt gelbliche Fluoreszenz.

Dryopteris Filix-mas (L.) Schott
Querschnitt durch das Rhizom.

Die äußersten Zellreihen sind dunkelbraun, die Wände der anschließenden 1—2 Zellreihen fluoreszieren zart grünlichblau; dieses Leuchten der Parenchymzellen wird nach innen zu immer schwächer, bis es kaum mehr sichtbar ist. In den Interzellularen des Parenchyms liegen einige grell grüngelb leuchtende Idioblasten (nach Höhlke, 1902, harzabsondernde Trichome). Die Casparyschen Streifen der Endodermis strahlen goldgelb, die Tangentialwände sind nur ganz schwach graugelb angedeutet, ausgenommen vereinzelte Tangentialwände — in diesem Schnitt sind es drei —, die ebenfalls goldgelb strahlen. Schwach gelblich ist das Phloem sichtbar, stärker hellblau das Protophloem und himmelblau das Xylem.

Asplenium viride Huds.
Querschnitt durch das Rhizom.

Die äußersten 2—3 Zellreihen sind braun gefärbt und leuchten nicht. Auch die Zellwände des übrigen Parenchyms, die im Hellfeld gleichmäßig verdickt erscheinen, zeigen nur an den Ecken geringe graublaue bis gelbliche Fluoreszenz. An einer Stelle ist eine Gruppe von wenigen, stark verdickten, braunen Zellen im Querschnitt getroffen (nach R u s s o w, 1875, ein „Stützbündel"). Jedes der drei konzentrischen Gefäßbündel wird von einer Endodermis umgeben, deren Wände unregelmäßig angeordnet sind. Die Casparyschen Streifen, die sich über die ganze Radialwand ausdehnen, leuchten hellgelb, die Tangentialwände matt gelbbraun. An manchen Zellen sieht man nur die Casparyschen Streifen g e l b hervortreten. Von den Zellen des Zentralzylinders zeigt das Xylem hellblaue, das Phloem gelbliche und das Parenchym innerhalb der Endodermis helle bis schwach graublaue Fluoreszenz.

Es hatten somit auch die Casparyschen Streifen der untersuchten Rhizomendodermen hellgelbe bis g o l d g e l b e Fluoreszenzfarbe.

Die bisherigen Ergebnisse über die W u r z e l e n d o d e r m e n der Farne kann man zusammenfassen (v. G u t t e n b e r g 1943 b): Die Endodermiszellen der eusporangiaten Filicinae bleiben dauernd primär; von den leptosporangiaten besitzen nur die Osmundaceen (R u m p f 1904) und die Trichomanesarten (B ä s e c k e 1908) dauernd Primärendodermen. Bei allen übrigen Farnen befinden sich die Endodermen im sekundären Entwicklungsstadium; dabei kann die Suberinlamelle nur die innere Zellhälfte bis zu den Casparyschen Streifen auskleiden, oder kann ringsum angelegt sein. Eine tertiäre Verdickung kommt nie vor.

Die Untersuchungen an Wurzelquerschnitten beziehen sich auf folgende Farne:

Botrychium Lunaria (L.) Sw.
Querschnitt durch die Wurzel.

Außer den Rindenparenchymzellen, die besonders an den Ecken schwach graublaue Fluoreszenz zeigen, leuchtet nur das Xylem und die Casparyschen Streifen der Endodermis in gleicher, stark h e l l b l a u e r Farbe. Die Streifen sind sehr unregelmäßig angeordnet: Das Leuchten geht oft auf die innere Tangentialwand über oder es erstreckt sich auf zwei geteilte Radialwände oder es leuchten nur die Ecken von zwei aneinander grenzenden Zellwänden, doch ist die Lage des Casparyschen Streifens trotz seiner Unregelmäßigkeit immer eine derartige, daß eine Diffusion von Nährstoffen nach der Rinde zu durch eine Endodermiswand nicht erfolgen kann (vgl. R u m p f, 1904, S. 19, v. G u t t e n b e r g, 1943 b, S. 102). Es soll nochmals betont werden, daß die Casparyschen Streifen hier nicht gelb, sondern b l a u leuchten.

Dryopteris Filix-mas (L.) Schott
Querschnitt durch die Wurzel.

An der Rinde kann man im Hellfeld drei verschieden gestaltete Schichten unterscheiden: Ganz außen liegen 2—3 kollabierte Zellreihen, dann folgen einige größere, normale Parenchymzellreihen — die aber wie die vorigen Zellen dunkelbraun gefärbt sind — und schließlich liegen um das Gefäßbündel 5—8 Zellreihen kleiner, sehr stark verdickter und gelbbraun gefärbter Zellen, eine sklerenchymatische Scheide (vgl. Rumpf, 1904, S. 37). Im Ultraviolettlicht ist das äußere Rindenparenchym bis zu den innersten, stark verdickten Zellen unsichtbar; von den stark verdickten Zellen dieses Ringes leuchtet nur die Zwischenschicht, die zwischen der Mittellamelle und der innersten Verdickungslamelle liegt, matt gelbbraun. Die Endodermis hat langgestreckte, schmale, unregelmäßige Zellen mit kurzen Radialwänden, die stark grüngelb leuchten; auch die Tangentialwände leuchten, aber nur als zart gelblicher Strich. Selbst der Inhalt der Endodermiszellen hat hier eine schwächere, milchiggelbe Eigenfluoreszenz. so daß die Endodermis den Zentralzylinder als ein hellgelbliches Band umgibt. Die Phloemwände leuchten nur ganz schwach, das Xylem herrlich himmelblau.

Dryopteris Robertiana (Hoffm.) Christens
Fundort: Golling-Torren.
Querschnitt durch die Wurzel.

Die äußersten Rindenzellreihen sind schwarzbraun, wobei die Färbung gegen den Zentralzylinder abnimmt. Die innerste Rindenparenchymschicht ist zum Teil noch ungefärbt und leuchtet an den Radialwänden schwach orangegelb. In goldgelber Fluoreszenz erscheinen die Radialwände der Endodermis, zarter gelb die inneren Tangentialwände. Das Xylem hebt sich in herrlichem Blau davon ab.

Dryopteris austriaca (Jacq.) Woynar, *subspez. dilatatum* (Hoffm.) Schinz u. Thell
Fundort: Golling-Torren.
Querschnitt durch die Wurzel.

Die peripheren Zellreihen sind schwarzbraun. An den innersten, um den Zentralzylinder gelegenen Zellschichten sind nur die Mittellamelle und besonders die Zwickel an den Zellecken schwarzbraun, die sekundären Verdickungsschichten leuchten hellgelb. Goldgelb strahlen die Radialwände und die inneren Tangentialwände der Endodermis. Nach innen zu folgen die dunklen Perizykelwände, das gelbliche Protophloem und das Xylem, das hellgrüngelbe Fluoreszenz zeigt.

Athyrium alpestre (Hoope) Rylands ex Milde
Querschnitt durch die Wurzel.

Die äußersten 2—3 Zellreihen sind dunkelbraun. Nach der Mitte zu beginnen die Wände der Rindenparenchymzellen immer deutlicher gelb zu leuchten, erreichen jedoch nicht die Leuchtkraft der goldgelben Zellwände der Endodermis. Sie besteht neben Zellen, die nur an den Casparyschen Streifen goldgelb leuchten, auch schon aus Zellen, die an allen Wänden die gleiche goldgelbe Fluoreszenzfarbe zeigen. Im Inneren des Zentralzylinders leuchtet nur das Xylem himmelblau.

Adiantum tenerum Sw.
Querschnitt durch die Wurzel.

Im Hellfeld sieht man die ganze Rinde dunkelbraun gefärbt. Die Zellwände der Epidermis und der äußeren 4—5 Rindenschichten sind kaum verdickt, während die innersten Zellreihen, die die Stele umgeben, außergewöhnlich stark verdickt sind. Im ultravioletten Licht kann man nur an den Elementen des Zentralzylinders eine Fluoreszenz wahrnehmen. Alle Zellwände der Endodermis leuchten gelb, die tangentialen Wände sehr schwach, die radialen intensiv g o l d g e l b. Das Xylem zeigt hellblaue Fluoreszenzfarbe.

Ein ähnliches Bild ergibt ein Wurzelquerschnitt von *Adiantum fragrans*.

Polypodium vulgare L.
Querschnitt durch die Wurzel.

Die Rinde ist deutlich in einen inneren und äußeren Teil gegliedert. Der innere Teil besteht aus rötlichbraunen, dickwandigen Zellen mit kaum sichtbarem Lumen, die in ziemlich regelmäßigen radialen Reihen von 4—5 Zellen übereinander stehen; vor den beiden Protoxylemen ist der Sklerenchymring jedoch schmäler und besteht nur aus je einer Zelle, die aber wesentlich größer ist (O g u r a, 1938, S. 144). Der dünnwandige äußere Teil der Rinde ist schwarzbraun gefärbt. Im ultravioletten Licht fluoreszieren nur Zellen des Zentralzylinders, und zwar das Xylem himmelblau und die Phloemwände, besonders an den Ecken, zart bräunlichgelb. Die Endodermis hat sehr lange und schmale Zellen, ihre Radialwände sind kurz und dick und leuchten hell g r ü n g e l b, die Tangentialwände mehr bräunlichgelb.

Von den untersuchten Wurzeln zeigt somit nur *Botrychium Lunaria* eine Primärendodermis mit blauen Casparyschen Streifen. Die Streifen der Wurzelendodermen der übrigen Farne fluoreszieren in der Mehrheit g o l d g e l b, nur *Dryopteris Filix-mas* und *Polypodium vulgare* lassen an den Casparyschen Streifen einen grüngelben Farbton erkennen. Es leuchten in diesen Querschnitten entweder alle oder nur die inneren Tangentialwände goldgelb oder schwächer bräunlichgelb.

III. Holz- und Korkreaktion.

Nach B ä s e c k e (1908, S. 30) verhalten sich die Reaktionen des Casparyschen Streifens der Farnachsen und Wedel genau so, wie K r o e m e r (1903, S. 91) für die Angiospermenwurzeln und R u m p f (1904, S. 21) für die Farnwurzeln angegeben haben. K r o e m e r erwähnt besonders die Rotfärbung mit Phloroglucin und Salzsäure, die Braunfärbung mit Chlorzinkjod, die Unlöslichkeit in konz. Schwefelsäure und die Löslichkeit in konz. Chromsäure. Eau de Javelle ändert nach kurzer Einwirkung den Streifen nicht merklich, nach längerer Einwirkung geht jedoch die Färbbarkeit mit Phloroglucin-Salzsäure verloren, und bei mehr als 24-stündiger Eau-de-Javelle-Einwirkung wird er gelöst. Zur Sichtbarmachung der Suberinlamelle hält B ä s e c k e eine Färbung mit Sudan III nach kurzer Eau-de-Javelle-Behandlung für das geeignetste Mittel. Jedoch ist die Widerstandsfähigkeit der Suberin-

lamelle gegenüber Eau de Javelle in den Wedelstielen sehr verschieden; bei manchen Arten wird sie fast momentan unter Zurück-
lassung von ungeformten Massen und Kugeln zerstört.

Es ist nicht Aufgabe dieser Arbeit, das mikrochemische Verhalten der Casparyschen Streifen auf breiterer Grundlage nach-
zuprüfen, denn das ist schon oftmals geschehen (B ä s e c k e 1908,
P l a u t 1910, K r o e m e r 1903, M y l i u s 1913, Z i e g e n s p e c k
1921, v a n W i s s e l i n g h 1925 u. 1926, M a g e r 1933). Demnach
habe ich nur gleichlaufend mit der Beobachtung im Ultraviolettlicht
einige meiner Objekte mit Phloroglucin-Salzsäure und Sudan III
behandelt.

In Übereinstimmung mit der hellblauen Fluoreszenzfarbe zeigt
sich mit Phloroglucin-Salzsäure überall dort, wo die Zellen der
Epidermis, der hypodermalen Region oder des Grundgewebes verholzt sind, die kennzeichnende Rotfärbung. Nur bei *Elaphoglossum
villosum* unterbleibt die Färbung, obwohl der mechanische Zell-
ring im Fluoreszenzlicht hellblau erscheint. Gegenüber der Kirsch-
rotfärbung der Tracheiden haben die Zellwände der hypodermalen
Region meist einen bläulichroten Farbton. Die in diesem Gewebe
vereinzelt oder in Gruppen vorkommenden dunkelbraun infiltrierten
Zellen, die im Fluoreszenzlicht eine deutliche Gelbfärbung in die
übrigen hellblauen Zellwände ausstrahlen, färben sich mit Phloroglucin-Salzsäure manchmal mehr braunrot, meist aber ist kein
Unterschied zur Rotfärbung nicht infiltrierter, verholzter Zellwände
erkennbar. Die Casparyschen Streifen sind durchschnittlich schwächer und auch in einzelnen Fällen mehr braunrot gefärbt; selten
zeigt sich eine leichte Rotfärbung der inneren Tangentialwand der
Endodermis. Am intensivsten ist die Färbung des Xylems, das
Protoxylem ist wesentlich schwächer gefärbt bis farblos.

Kurze Vorherbehandlung mit Eau de Javelle läßt die Rot-
färbung der Casparyschen Streifen deutlicher hervortreten und
entfernt den eventuell vorhandenen bräunlichen Farbton, längere
Behandlung kann die Färbung bis zu völliger Farblosigkeit
schwächen. Erwähnt sei, daß auch die goldgelbe Fluoreszenz der
Endodermis, wenn der Schnitt vor der Beobachtung einige Zeit in
Eau de Javelle eingelegt war, verlorengeht und die Casparyschen
Streifen dann meist bloß bläulichweiß leuchten.

Mit Sudan III färbt sich die Kutikula stets orangerot. Außer
der Kutikula zeigen nur noch die Endodermiszellen eine Färbung
in verschiedener Weise: Entweder ist der ganze Inhalt der Zellen
in Form von Kügelchen oder unregelmäßigen Massen orangerot
gefärbt, oder die orangeroten Kügelchen liegen, ähnlich kleinen
Ketten, ganz eng an allen Zellwänden oder nur an der inneren

Tangentialwand bis zu den Casparyschen Streifen; dabei sieht man keine Färbung der Zellwände selbst. In manchen Endodermen scheinen aber auch die Zellwände orangerot gefärbt, und zwar meist die tangentiale Innenwand. Im allgemeinen ließ sich bei der Suberinfärbung kaum mit Sicherheit feststellen, ob nur der Zellinhalt, die Zellwand oder beides gefärbt waren. Auch nach Behandlung mit Eau de Javelle war das Bild nicht wesentlich klarer.

IV. Jugendstadien der Goldendodermis.

Die klassische Pflanzenanatomie des 19. Jahrhunderts sah in der Beschreibung und im Vergleich der fertig entwickelten Gewebe eine ihrer wesentlichsten Aufgaben. Später sind entwicklungsgeschichtliche Fragestellungen hinzugekommen. Wiewohl bei meiner Arbeit das Schwergewicht auf der vergleichenden Beschreibung erwachsener Gewebe ruhte, hielt ich es doch für wichtig, zu prüfen, ob sich durch die Fluoreszenzanalyse auch Anhaltspunkte über die Entwicklung der Goldendodermen im jugendlichen Gewebe gewinnen ließen.

An einigen im Abschnitt II beschriebenen Objekten wurden bereits die Querschnitte verglichen. Es zeigte sich im jungen Blattteil ein etwas anderes Bild der Fluoreszenzfarbe der Casparyschen Streifen gegenüber den Streifen im basalen Teil des Blattstieles. So leuchten die Casparyschen Streifen von *Dryopteris Filix-mas* 5 cm unterhalb der Blattspitze (S. 26) graublau, von *Polystichum aculeatum* in 6 cm Spitzenentfernung (S. 27) hell- bis grünblau. Ich habe daraufhin noch an zwei weiteren Objekten, von denen mir ganz junge Blätter zur Verfügung standen, Querschnitte nahe der Blattspitze im Fluoreszenzlicht untersucht.

Ein junges Blatt von *Asplenium septentrionale* (L.) Hoffm. zeigt an einem Querschnitt 1 cm unterhalb der noch eingerollten Blattspitze folgende Fluoreszenz: Die Kutikula leuchtet bläulich, die Protoxyleme grünlichblau — das Metaxylem ist im ultravioletten Licht noch nicht sichtbar — und ganz zart blau auch die Casparyschen Streifen an den Radialwänden der Endodermis.

Auch ein zweiter Schnitt, der in 2 cm Spitzenentfernung geführt wurde, zeigt neben einer stark hellblauen Kutikula und einem Xylem, das in seiner Gesamtheit schon graublau leuchtet, die Casparyschen Streifen noch deutlich in hellblauer Fluoreszenzfarbe.

In einer Entfernung von 5 cm unterhalb der Blattspitze leuchten die Casparyschen Streifen schon in der gewohnten goldgelben Fluoreszenz.

Ein Querschnitt durch ein ganz junges Blatt von *Asplenium Trichomanes* Sw. zeigt die Casparyschen Streifen knapp unterhalb der noch eingerollten Blattspitze zart hellblau, etwas weiter unten hellgrünblau und in einem dritten Schnitt in 3 cm Spitzenentfernung schon goldgelb.

D a r a u s   e r g i b t   s i c h   f ü r   d i e s e   F a r n e ,   d a ß   d e n   j u n g e n   C a s p a r y s c h e n   S t r e i f e n   e i n e   h e l l b l a u e, d e n   ä l t e r e n   e i n e   g o l d g e l b e   F l u o r e s z e n z   z u k o m m t.

Eine weitere auffallende Erscheinung fand sich bei *Struthiopteris germanica* Willd. und *Athyrium alpestre* (Hoppe) Rylands ex Milde; sie ist ebenfalls ein Beleg dafür, daß die Casparyschen Streifen nicht schon zum Zeitpunkt ihrer Anlage goldgelb fluoreszieren. Die in verschiedenen Höhen geführten Querschnitte dieser beiden Farne zeigen im Ultraviolettlicht Bilder, die ich wieder im einzelnen beschreiben will.

Struthiopteris germanica Willd.
Botanischer Garten (im April gesammelt).
Querschnitt durch den basalen Teil eines Blattes, dessen oberstes Ende noch eingerollt war.

Die Kutikula leuchtet silberblau, dann folgen, durch die nicht leuchtende Epidermis getrennt, die hellblauen Zellwände der hypodermalen Region. An ihrer Peripherie liegen einzelne Zellen oder Zellgruppen, die schon im Hellfeld durch ihre dunkelbraune bis hellgrüngelbe Farbe auffallen. Im ultravioletten Licht sieht man von ihren Ecken besonders in die Mittellamelle aller angrenzenden Zellen ein hellgelbes Leuchten ausstrahlen, das nur allmählich schwächer wird und in die hellblaue Farbe der übrigen verholzten Zellen der hypodermalen Region übergeht. Ohne scharfe Grenze schließen diese mechanischen Zellen an die blaugrauen Zellwände des Grundparenchyms an. In diesem Parenchym liegen zwei längsgestreckte Gefäßbündel (Abb. 13). Das Formgebende jedes Bündels ist das hellblau fluoreszierende Xylem; das Protoxylem erscheint schwach dunkler blau, die übrigen Zellwände der Stele sind unsichtbar. Um jedes Gefäßbündel ist die innerste Grundparenchymschicht nur an zwei kurzen Strecken als gebräuntes, mechanisches Gewebe ausgebildet. Diese Zellen liegen ungefähr in der Mitte des Stelenumfanges einander gegenüber. In ganz auffälliger Weise tritt die Endodermis hervor: Ihre Casparyschen Streifen leuchten nämlich an allen Radialwänden strahlend h i m m e l b l a u und nur an den Zellen, die innerhalb des dunklen mechanischen Gewebes liegen, leuchten sie g o l d g e l b.

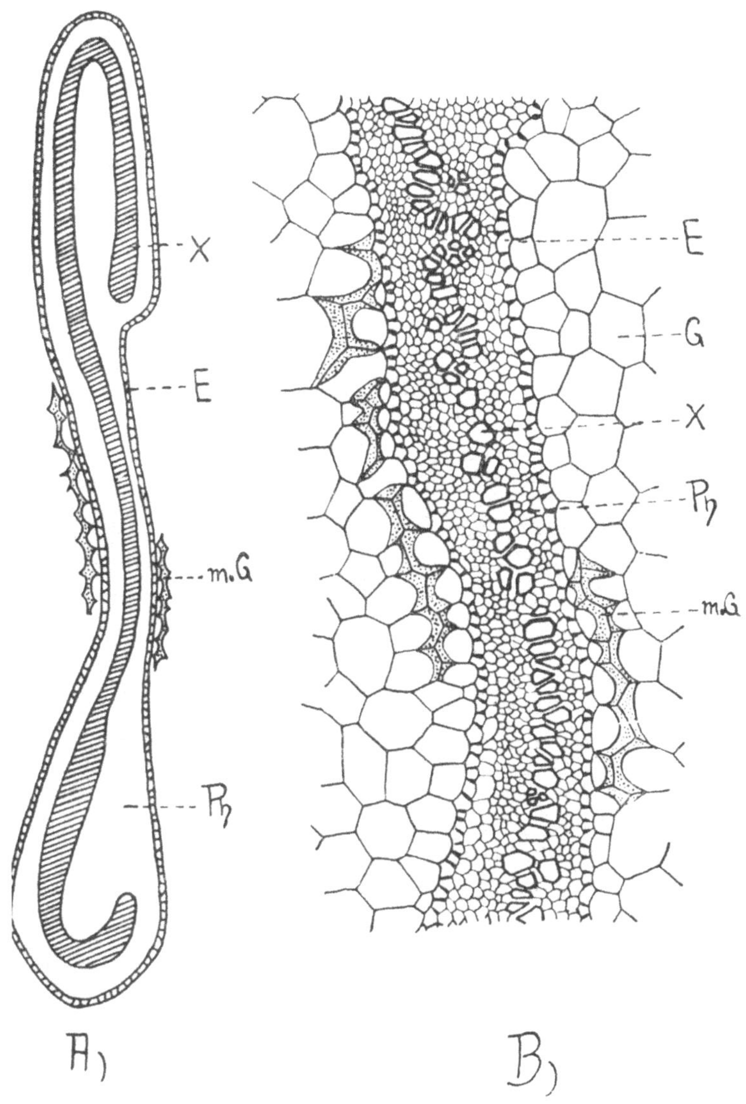

Abb. 13. Struthiopteris germanica. A) Querschnitt durch ein Gefäßbündel des Blattmittelnervs (Übersicht). B) Mittelstück dieses Gefäßbündels. E = Endodermis, G = Grundparenchym, m. G = braunes,
mechanisches Gewebe, Ph = Phloem, X = Xylem.

Im Herbst habe ich noch einen Wedelstiel von *Struthiopteris germanica* Willd. untersucht. An diesem Schnitt waren alle Casparyschen Streifen ohne Ausnahme g o l d g e l b. Das Xylem fluoreszierte hellblau, nur an zwei Stellen grünlichblau.

Athyrium alpestre (Hoppe) Rylands ex Milde
Fundort: Golling-Torren.
Vier Querschnitte wurden in Abständen von der Blattbasis bis knapp unterhalb der Blattspitze angefertigt.

I. (Blattbasis): Die Epidermiszellen sind etwas dickwandig und fluoreszieren matt hellblau wie auch die anschließenden 8—11 ebenfalls verdickten hypodermalen Zellreihen. Davon hebt sich die Kutikula durch stärkeres silberblaues Leuchten ab. Die Parenchymwände sind ganz schwach graublau. Die Gefäßbündel, die in diesem basalen Teil des Blattstieles noch nicht miteinander vereinigt sind, durchziehen als zwei getrennte Bänder den Blattstiel. Auf dem Querschnitt haben sie hantelförmige Gestalt. Das Xylem ist an den beiden Enden hakenartig eingeschlagen; es leuchtet zum Großteil hellblau mit nur wenigen grüngelben Zellen. Viel schwächer graublau fluoreszieren die Protoxyleme, die an der Innenseite der Ecken liegen. Das Phloem ist unsichtbar. Von der Endodermis leuchten nur die Casparyschen Streifen deutlich auf, kaum erkennbar sind die übrigen Wände. Der Außenseite jedes der beiden Gefäßbündel legen sich — wie bei *Struthiopteris germanica* — ungefähr in der Mitte zwei einseitig verdickte und braun gefärbte mechanische Zellreihen an, die die Endodermis über die Länge weniger Zellen — in einem bestimmten Fall zählte ich 18 — begleiten. D i e C a s p a r y s c h e n S t r e i f e n n u n, d i e a n d e n R a d i a lw ä n d e n d i e s e r 18 Z e l l e n l i e g e n, l e u c h t e n s t r a hl e n d g o l d g e l b, d i e S t r e i f e n d e r ü b r i g e n Z e l l e n h e l l b l a u b i s s c h w a c h h e l l g r ü n b l a u.

II. (Nächst höherer Schnitt): Die Kutikula leuchtet weißblau; sie hebt sich sehr stark von der matt hellblauen Epidermis und den anschließenden 6—7 hypodermalen Zellreihen ab. Alle Wände des Parenchyms haben sehr schwache, gelbbraune Eigenfluoreszenz. Dieselbe Fluoreszenz zeigen die äußeren und inneren Tangentialwände der Endodermis. Nur die Casparyschen Streifen an den Radialwänden leuchten ausnahmslos hellgraublau. In diesem Schnitt ist keiner der Streifen mehr in goldgelber Farbe sichtbar; es grenzen auch keine braunen, mechanischen Zellen an die Endodermis an. Das Xylem leuchtet hellblau bis grellgelb, das Phloem ist dunkel.

III. (Weiter oben): Der Schnitt war durch einen, über das ganze Präparat verteilten milchigblauen Schleier so unübersichtlich, daß er mit Chloralhydrat kurze Zeit gekocht werden mußte. Dadurch wurde das Chlorophyll aus den Rindenparenchymzellen herausgelöst und hat mit dem Fett in manchen Zellen — so auch in den Endodermiszellen — die bekannte rote Chlorophyllfärbung gegeben. Es leuchtet die Kutikula bläulichrot, die Epidermis und die wenigen hypodermalen Zellreihen haben noch ihre schwach hellblaue Eigenfluoreszenz bewahrt. Die Parenchymwände sind unsichtbar. In diesem oberen Teil des Blattstieles sind die beiden bandförmigen Stelen schon zu einem Gefäßbündel vereinigt. Die Endodermis, die es umgibt, leuchtet an allen Zellwänden chlorophyllrot, am schwächsten davon an den äußeren Tangentialwänden, mit Ausnahme des mittleren Teiles der Radialwand, der vom blauen Casparyschen Streifen eingenommen wird. Es sind hier außerhalb der Endodermis noch keine braunen mechanischen Zellen ausgebildet. Innerhalb der Endodermis leuchten die Wände des Xylems, besonders um die vier Protoxyleme, grünlichblau, an den dazwischenliegenden verbindenden Teilen beginnt das Xylem erst ganz zart blau zu leuchten. Der Inhalt aller übrigen Zellen der Stele fluoresziert chlorophyllrot.

IV. (Der Spitze zunächst): Auch hier mußte vor der Beobachtung im ultravioletten Licht das Präparat mit Chloralhydrat gekocht werden. Dann zeigt sich ein ähnliches Bild wie im Schnitt III, nur leuchtet das Holz bloß an den vier Protoxylemgruppen hellblau, von den dazwischenliegenden Zellen kann man kaum einen hauchzarten blauen Schimmer an den Zellwänden erkennen. Der Inhalt der übrigen Zellen der Stele ist wieder chlorophyllrot, wie auch die inneren Tangentialwände der Endodermis. Die Casparyschen Streifen stehen an Leuchtkraft und an Größe hinter denen der älteren Blatteile zurück, sind aber doch schon deutlich hellblau sichtbar.

Es scheint also ein Z u s a m m e n h a n g z w i s c h e n d e r F a r b e d e r C a s p a r y s c h e n S t r e i f e n u n d d e r A u s - b i l d u n g d e r d u n k e l b r a u n e n m e c h a n i s c h e n Z e l - l e n zu bestehen. Schon deshalb verdient diese Scheide etwas näher betrachtet zu werden. Außerdem bildet sie im Hellfeld wohl das auffallendste Gewebe des Querschnittes und ist von einigen Forschern (D u n z i n g e r 1901, S. 16, und K n ö s 1902, S. 51, beide zit. nach B ä s e c k e 1908, S. 77) sogar mit der Endodermis verwechselt worden. Die erste ausführlichere Arbeit über diese

„braunwandigen, sklerotischen Gewebeelemente der Farne" schrieb
W a l t e r (1890). Er hat beobachtet, daß die Färbung zuerst in
den Zwickeln, in denen die Zellen zusammenstoßen, erfolgt und
sich entlang der Mittellamelle keilförmig ausbreitet. Es erweckt
also den Eindruck, als ob der färbende Stoff von den Interzellularen
ausgeht. Mit dieser Beobachtung stimmt auch das Resultat seiner
chemischen Untersuchungen überein, auf Grund deren er die braune
Substanz der Farne zu den Phlobaphenen (vgl. M o l i s c h 1923,
S. 177, K l e i n 1932, S. 165) zählt. W a l t e r sagt abschließend,
daß durch den Kontakt der Membranen mit dem atmosphärischen
Sauerstoff, Gerbstoff innerhalb dieser oxydiert, bzw. in Humin-
substanzen verwandelt wird. Dieses Ergebnis der Untersuchungen
W a l t e r s hat auch O g u r a (1938) übernommen; er hält die
charakteristische hell- bis dunkelbraune Färbung bei den Filicales
für bedingt durch das Vorhandensein der Phlobaphene oder der
Filixgerbsäure. 1908 hat B ä s e c k e in seiner Arbeit über die
physiologischen Scheiden in den Achsen und Wedeln der Filicinen
diesem mechanischen Gewebe eine eingehende Behandlung ge-
widmet. Er hebt bei allen Farnen das starke Bestreben hervor, ihre
Membranen durch Infiltration mit geeigneten Stoffen chemisch
resistenter zu machen. Diese Infiltration geschehe besonders durch
jenen chemisch nicht genauer bekannten Stoff, den er nach
M a y e r „Vagin" nennt. Häufig geht dieser Infiltration mit Vagin
eine Einlagerung von Lignin voraus. Eau de Javelle entziehe
bei vorsichtiger Einwirkung den Membranen nur das Vagin, erst
nach langer Einwirkung werde auch das eventuell vorhandene
Lignin den Membranen entzogen (B ä s e c k e 1908, S. 74).

Meine Beobachtungen weisen nur darauf hin und regen zur
weiteren Untersuchung der Frage an, ob die den Filicinen spezi-
fische Substanz, die die charakteristische Gelbfärbung der Casparyschen Streifen bedingt, mit den braunen Stoffen der Farne in
entwicklungsgeschichtlichem Zusammenhang steht. Vielleicht erfolgt die Infiltration in die Casparyschen Streifen des jungen Gewebes, denen wahrscheinlich im allgemeinen eine blaue Fluoreszenz zukommt, in ähnlicher Weise wie bei den braun gefärbten
Zellwänden der hypodermalen Region. Auch hier treten bei fort-
schreitender Braunfärbung in die ursprünglich hellblau leuchtenden, verholzten Zellwände Stoffe ein, die eine Änderung der
Fluoreszenzfarbe in helles Gelb und später in dunkles Braun bewirken. Bei den Casparyschen Streifen war allerdings immer nur
die gelbe Fluoreszenz, keine Braunfärbung zu beobachten.

V. Rückblick und Zusammenfassung.

Die Goldendodermis ist ein außerordentlich charakteristisches Merkmal der Farne.

Es war Frage der vergleichend-anatomischen Untersuchungen, wie weit diese goldgelbe Fluoreszenzfarbe der Endodermis bei den höheren Pflanzen verbreitet ist. Ich konnte feststellen, daß sie bei den Anthophytenendodermen nirgends vorkommt.

Vom Standpunkt der vergleichenden Anatomie erscheint vor allem die Frage wesentlich, ob sich innerhalb der Pteridophyten die Goldendodermis auf die Filicinen beschränkt oder ob sie etwa weiter verbreitet ist. Zur Beantwortung dieser Frage untersuchte ich von den Lycopodiinae den Stamm von *Lycopodium selago L.*, von *Lycopodium clavatum L.* und *Lycopodium annotinum L.*, von den Articulatae den Stamm von *Equisetum arvense L.* Alle drei *Lycopodium*-Arten verhalten sich ähnlich: 1—3 Zellreihen unverdickter, weißlichblau leuchtender Zellen umschließen die Stele; eine dieser Reihen soll (vgl. Ogura 1938, S. 46) einer Endodermis entsprechen. Ein Casparyscher Streifen tritt aber an keiner dieser Zellen im Fluoreszenzlicht hervor. Dagegen leuchten bei *Equisetum arvense* die Casparyschen Streifen in hellblauer bis hellgrünblauer Fluoreszenz stark auf. Sie liegen nahe der tangentialen Innenwand und haben nur geringe Breite.

Soweit meine Erfahrungen reichen, ist somit die Goldendodermis nur der Klasse der Filicinae eigentümlich. Einige wenige Farnendodermen (*Leptopteris superba*, *Leptopteris hymenophylloides*, *Osmunda gracilis*) entbehren der goldgelben Fluoreszenz und leuchten in allen Entwicklungsstadien hellblau — eben diese Pflanzen haben auch keine braunen Vaginscheiden —, bei allen 54 anderen untersuchten Arten weist die Beobachtung im Fluoreszenzlicht die golden leuchtenden Casparyschen Streifen auf, mit Ausnahme der eusporangiaten Farne (*Botrychium Lunaria, Marattia alata, Angiopteris Teysmanniana*), bei denen sich überhaupt keine Endodermis nachweisen ließ. 29 von diesen untersuchten Arten besitzen braune Vaginscheiden, bei 28 Arten fehlen diese.

Die Tabelle am Schluß der Arbeit faßt die Ergebnisse meiner vergleichend-anatomischen Untersuchungen, soweit sie sich auf Blattstiele beziehen, zusammen (über Rhizom und Wurzel vgl. S. 41 und S. 43). Dabei ist in den Fällen, in denen mehrere Schnitte ausgeführt wurden, nur der Schnitt durch den basalen Teil der Mittelrippe berücksichtigt.

Aus dieser Zusammenstellung ergibt sich: Eine große Einheitlichkeit herrscht vor allem in der Fluoreszenzfarbe der Kutikula, die fast ausnahmslos in verschieden abgestuftem Blau — am häufigsten silberblau — leuchtet. Dadurch hebt sie sich deutlich von den Zellwänden der Epidermis ab, die in vielen Blattstielen nicht fluoreszieren. Der Epidermis schließt sich fast immer die hypodermale Region an. Sie wird von einigen Schichten dickwandiger Sklerenchymfasern oder Parenchymzellen gebildet, deren Zellwände fast immer verholzt sind und daher hellblau leuchten. Davon machen nur wenige Farne, so z. B. einige *Asplenium*-Arten eine Ausnahme, deren hypodermale Zellen nicht leuchten. Es fällt schon bei der Betrachtung im Hellfeld auf, daß in diesem Gewebe die Wände einzelner Zellen oder Zellgruppen hell- bis dunkelbraun gefärbt sind; im Ultraviolettlicht sind dieselben Zellen durch grellgelbes oder braungelbes Leuchten gekennzeichnet. Das Vorkommen solcher Flecken ist in der Tabelle mit „Fl" bezeichnet. Die mechanischen hypodermalen Zellen schließen jedoch nicht immer direkt an die Epidermis an, sondern können durch wenige Reihen dünnwandigen Assimilationsparenchyms von ihr getrennt sein, das keine Fluoreszenz zeigt (*Marattia alata, Angiopteris Teysmanniana, Platycerium corderoyi* und *Platycerium Willinckii var. pyg.*). Ebenso leuchtet auch das Grundparenchym meist nicht, oder nur so schwach, daß eine Farbangabe schwer fällt. Anders, wenn sich die Rinde aus verholzten, also hellblau leuchtenden Zellen aufbaut, wie dies bei manchen Objekten der Fall ist, dann ist im Fluoreszenzlicht die Grenze zwischen der hypodermalen Region und dem Grundparenchym nicht so rasch zu ziehen. Der Übergang des hypodermalen Festigungsgewebes in das unverdickte Grundparenchym kann je nach der Zusammensetzung der mechanischen Zellen aus Sklerenchymfasern oder aus dickwandigen Parenchymzellen auf zweierlei Art erfolgen. In erstem Falle wird die Grenze scharf sein, während die dickwandigen Parenchymzellen allmählich in die anderen Zellen übergehen. Selten sind alle außerhalb der Endodermis liegenden Zellwände schwarzbraun infiltriert (*Pellaea rotundifolia, Adiantum fragrans* und *Adiantum tenerum*). Die Übersicht zeigt weiter, bei welchen Objekten eine dunkelbraune mechanische Scheide um die Gefäßbündel entwickelt ist, die ich mit Russow als „Stützscheide" bezeichne. Sie kann auf verschiedenste Weise gestaltet sein; ihre Zellen sind entweder ein-, mehr- oder allseitig verdickt. Bei *Elaphoglossum lucidum* sind sie als regelmäßige, einschichtige Scheide um das Bündel angeordnet, bei *Acrostichum crinitum* umgeben sie die Meristelen nur an der dem Zentrum des Schnittes zu gelegenen Seite, bei *Phyllitis scolopendrium* (Abb. 10) liegt je eine mechanische Zellgruppe in den vier einspringenden Winkeln der Stele; einige verdickte, braun gefärbte Zellen liegen bei *Struthiopteris germanica* (Abb. 13) nur an zwei engbegrenzten Stellen der Bündel; bei *Asplenium viviparum* sind hauptsächlich die radialen Wände der Scheide verdickt, während an den kleinen Untersträngen von *Blechnum brasiliense* (Abb. 11) die Stützscheide mehrschichtig, meist zweischichtig ausgebildet ist, die beiden größeren Oberstränge jedoch einer dunklen Außenscheide entbehren. Die Zellwände des P h l o e m s leuchten im allgemeinen nicht oder nur sehr schwach; etwas stärkere Fluoreszenz zeigt das Protophloem. Es läßt sich auch hier wie beim Grundparenchym der Farbton nur schwer feststellen. Das X y l e m leuchtet in der Regel einheitlich hellblau oder himmelblau, manchmal hat es auch weißblaue, grünblaue, hellgelbe oder braungelbe Flecken. Wesentlich schwächer und dunkler blau oder bräunlich erscheint das Protoxylem. Die Mittellamelle der Tracheiden zeigt bei keinem Objekt eine Fluoreszenz.

Während eine E n d o d e r m i s bei den eusporangiaten Filicinen (*Botrychium Lunaria, Marattia alata* und *Angiopteris Teysmanniana*) nicht nachgewiesen werden konnte, zeigt sie bei Osmundaceen (*Leptopteris superba* und *L. hymenophylloides* und *Osmunda gracilis*) deutliches Primärstadium mit h e l l b l a u e n Casparyschen Streifen. *Struthiopteris germanica, Athyrium alpestre* und *Phyllitis scolopendrium* bilden mit ihren zum Teil blauen, zum Teil goldgelben Casparyschen Streifen einen Übergang zu den übrigen Farnen, die nun durchwegs gelbe, in der überwiegenden Mehrzahl g o l d g e l b e Fluoreszenzfarbe aufweisen. Die äußeren Tangentialwände sind im Ultraviolettlicht meist unsichtbar oder fluoreszieren schwach graublau, grünblau oder bräunlichgelb. Etwas stärker gelb leuchten in vielen Fällen die inneren Tangentialwände, die manchmal sogar eine ähnliche Leuchtkraft erreichen wie der Casparysche Streifen selbst.

Schrifttum.

B a r y, A. de, 1877: Vergleichende Anatomie der Vegetationsorgane der Phanerogamen und Farne. Leipzig.

B ä s e c k e, P., 1908: Beiträge zur Kenntnis der physiologischen Scheiden der Achsen und Wedel der Filicinen sowie über den Ersatz des Korkes bei dieser Pflanzengruppe. Bot. Ztg., Jg. 66.

B e h r i s c h, R., 1926: Zur Kenntnis der Endodermiszelle. Ber. d. D. Bot. Ges., Bd. 44.

Borissow, G., 1924: Über die eigenartigen Kieselkörper in der Wurzel-
    endodermis bei Andropogon-Arten. Ber. d. D. Bot. Ges., Bd. 42.
Caspary, R., 1858: Die Hydrilleen. Jahrb. f. wiss. Bot., Bd. 1.
— 1865/66: Bemerkungen über die Schutzscheide und die Bildung des Stam-
    mes und der Wurzel. Jahrb. f. wiss. Bot., Bd. 4.
Elisei, G., 1943: Fluoreszenzmikroskopische Untersuchungen über den
    Casparyschen Punkt. (Erschienen in italienischer Sprache.)
Engler, A. und Prantl, K., 1902: Die natürlichen Pflanzenfamilien.
    Teil I, Abt. 4. Leipzig.
Faull, J. H., 1901: The anatomy of the Osmundaceae. Bot. Gaz. XXXII.
Giesenhagen, K., 1890: Die Hymenophyllaceen. Flora N. R. Jg. 48.
    1892: Über hygrophile Farne. Flora, Bd. 76 (Erg.-Bd.).
Giltay, E., 1882: Über eine eigenthümliche Form des Stereoms bei ge-
    wissen Farnen. Bot. Ztg., Jg. 40.
Gravis, A., 1898: Recherches anatomiques et physiologiques sur le Trades-
    cantia virginica L. Bruxelles.
Guttenberg, H. v., 1940: Der primäre Bau der Angiospermenwurzel.
    Handb. d. Pflanzenanatomie, II. Abt., 3. Teil, Bd. 8. Berlin.
— 1941: Der primäre Bau der Gymnospermenwurzel. Handb. d. Pflanzen-
    anatomie, II. Abt., 3. Teil, Bd. 8. Berlin.
— 1943 a: Die Aufgaben der Endodermis. Biol. Zentralbl. 63. Bd., Heft 5/6.
— 1943 b: Die physiologischen Scheiden. Handb. d. Pflanzenanatomie. I. Abt.,
    2. Teil, Bd. 5. Berlin.
Haberlandt, G., 1881: Über collaterale Gefäßbündel im Laub der Farne.
    Sitz.-Ber. K. Akad. d. Wiss. Wien. Mathem.-nat. Kl. 84.
— 1924: Physiologische Pflanzenanatomie. 6. Aufl. Leipzig.
Haitinger, M., 1935: Die Grundlagen der Fluoreszenzmikroskopie II.
    Wirkung der Fluorochrome auf pflanzliche Zellen. Beih. z. Bot. Centralbl.
    Bd. 53, Abt. A.
— 1938: Fluoreszenzmikroskopie. Leipzig.
Haitinger, M. und Linsbauer, L., 1933: Die Grundlagen der Fluores-
    zenzmikroskopie und ihre Anwendung in der Botanik. Beih. z. Bot. Cen-
    tralbl., Bd. 50, Abt. 1.
— 1935: Die Grundlagen der Fluoreszenzmikroskopie III. Darstellung orga-
    nisierter Zelleinschlüsse. Beih. z. Bot. Centralbl., Bd. 53, Abt. A.
Herzog, R., 1934: Anatomische und experimentell-morphologische Unter-
    suchungen über die Gattung Salvinia. Planta 22.
Höhlke, F., 1902: Über die Harzbehälter und die Harzbildung bei den
    Polypodiaceen und einigen Phanerogamen. Beih. d. Bot. Centralbl., Bd. 11.
Höhnel, F. v., 1877: Über den Kork und verkorkte Gewebe überhaupt.
    Sitz.-Ber. d. Kais. Akad. Wiss. Wien, Mathem.-nat. Kl. 76, Abt. I.
Holle, H. G., 1876: Über die Vegetationsorgane der Marattiaceen. Bot.
    Ztg., Jg. 34.
Klein, G., 1932: Handb. d. Pflanzenanalyse. Bd. III/1. Wien.
Klein, G. und Linser, R., 1930: Fluoreszenzanalytische Untersuchungen
    an Pflanzen. Österr. Bot. Ztg., Bd. 79.
Kolda, A., 1937: Zur Anatomie etiolierter und periodisch belichteter
    Pflanzen und über die Wirkung nachträglicher Kultur am Lichte. Beih.
    z. Bot. Centralbl., Bd. 57, Abt. A, Heft 3.
Kroemer, K., 1903: Wurzelhaut, Hypodermis und Endodermis der Angio-
    spermenwurzel. Bibl. Bot. Heft 59. Stuttgart.
Leitgeb, H., 1865: Die Luftwurzeln der Orchideen. Denkschrift d. Kais.
    Akad. d. Wiss. Wien, Mathem.-nat. Kl. 24.

L u e r s s e n , Ch., 1875: Über Interzellularverdickungen im parenchymatischen Grundgewebe der Farne. Bot. Ztg., Jg. 33.

M a g e r , H., 1907: Beiträge zur Anatomie der physiologischen Scheiden der Pteridophyten. Bibl. Bot. Heft 66.

— 1932: Beiträge zur Kenntnis der primären Wurzelrinde. Planta 16.

— 1933: Die Endodermis als Grenze für Stoffwanderungen. Planta 19.

M a n s f e l d , R., 1940: Verzeichnis der Farn- und Blütenpflanzen des Deutschen Reiches. Jena.

M e t z n e r , P., 1930 a: Einfache Einrichtungen zur Fluoreszenzmikroskopie und Fluoreszenzmikrophotographie. Biologia generalis, Bd. VI.

— 1930 b: Über das optische Verhalten der Pflanzengewebe im langwelligen ultravioletten Licht. Planta 10.

M o l i s c h , H., 1923: Mikrochemie d. Pflanze. 3. Aufl. Jena.

M y l i u s , C., 1913: Das Polyderm. Bibl. Bot. 18, Heft 79.

N i c o l a i , D., 1865: Das Wachstum der Wurzel. Schriften der physik.-ökonom. Ges. in Königsberg, 7. (Zit. nach v. Guttenberg 1943 b.)

O g u r a , Y., 1938: Anatomie der Vegetationsorgane der Pteridophyten. Handb. d. Pflanzenanatomie. II. Abt., Bd. VII, 2. Teil.

O u d e m a n s , C. A. J. A., 1861: Über den Sitz der Oberhaut bei den Luftwurzeln der Orchideen. Abhandlungen d. math.-phys. Kl. d. Kgl. Akad. d. Wiss. Amsterdam. (Zit. nach v. Guttenberg 1943 b.)

P f i t z e r , E., 1867: Über die Schutzscheide der deutschen Equisetaceen. Jahrb. f. wiss. Bot., Bd. 6.

P l a u t , M., 1910: Untersuchungen zur Kenntnis der physiologischen Scheiden bei den Gymnospermen, Equiseten und Bryophyten. Jahrb. f. wiss. Bot., Bd. 47.

P r e s l, 1842: Die Gefäßbündel im Stipes der Farrn. Prag. (Zit. nach Thomae, 1886.)

P r i e s t l e y , J. H. and N o r t h , E. E., 1922: Physiological studies in plant anatomy. III. The structure of the endodermis in relation to its function. New Phytologist, 21.

P r o d i n g e r , M., 1908: Das Periderm der Rosaceen in systematischer Beziehung. Denkschrift der Akademie Wien.

R a j k o w s k i , St., 1934: Histologische und morphologische Untersuchungen über die Endodermis in den Stengeln der Blütenpflanzen. Acta Soc. Botan. Pol. Vol. 11, Nr. 1.

R u f z d e L a v i s o n , J. de, 1910: Du mode de pénétration de quelques sels dans la pant vivante. Role de l'endoderme. Rev. général. de Botanique, 22.

— 1911 a: Essay sur une théorie de la nutrification minérale des plantes vasculaires basée sur la structure de la racine. Rev. général. de Botanique, 23.

— 1911 b Recherches sur la pénétration des sels dans le protoplasme et sur la nature de leur action toxique. Ann. Sc. Natur., 9. Sér. Bot. 16.

R u m p f , G., 1904: Rhizodermis, Hypodermis und Endodermis der Farnwurzel. Bibl. Bot., Bd. 13, Heft 62. Stuttgart.

R u s s o w , E., 1873: Vergleichende Untersuchungen betr. der Histologie... der Leitbündelkryptogamen mit Berücksichtigung der Histologie der Phanerogamen. Méd. Acad. empér. sci. St. Pétersbourg, sér. VII, 19. (Zit. nach v. Guttenberg 1943 b.)

— 1875: Betrachtungen über die Leitbündel und Grundgewebe. Dorpat.

S c h o u t e , J. C., 1903: Die Stelär-Theorie. Groningen.

S c h w e n d e n e r, S., 1882: Die Schutzscheiden und ihre Verstärkungen. Abhandl. der Berlin. Akad. d. Wiss. aus dem Jahre 1882 (auch in Gesammelte Bot. Mitteilungen, Bd. 2. Berlin 1898).

S o l e r e d e r, H., 1899: Systematische Anatomie der Dikotyledonen. Stuttgart.

S t r a ß b u r g e r, E., 1891: Über den Bau und die Verrichtungen der Leitungsbahnen in den Pflanzen. Heft III der „Histologischen Beiträge". Jena 1891.

S t r u g g e r, S., 1938: Die lumineszenzmikroskopische Analyse des Transpirationsstromes in Parenchymen (1). Flora, Bd. 33.

— 1939: Die lumineszenzmikroskopische Analyse des Transpirationsstromes in Parenchymen (2). Biol. Zentralbl. 59. Bd., Heft 5/6.

— 1939: Die lumineszenzmikroskopische Analyse des Transpirationsstromes in Parenchymen (3). Biol. Zentralbl., 59. Bd. Heft 7/8.

— 1941: Zellphysiologische Studien mit Fluoreszenzindikatoren I. Flora 35, 101.

T e r l e t z k i, P., 1884: Über den Zusammenhang des Protoplasmas benachbarter Zellen und über Vorkommen von Protoplasma in Zwischenzellräumen. Ber. d. D. Bot. Ges., Bd. II.

— 1884: Anatomie der Vegetationsorgane von Struthiopteris germanica Willd. und Pteris aquilina L. Jahrb. f. wiss. Bot., Bd. 15.

T h o m a e, K., 1886: Die Blattstiele der Farne. Jahrb. f. wiss. Bot., Bd. 17.

U r s p r u n g, A. und B l u m, G., 1921: Zur Kenntnis der Saugkraft. IV. Die Absorptionszone der Wurzel. Der Endodermissprung. Ber. d. D. Bot. Ges. 39.

V r i e s, H. de, 1886: Studiën over Zuigwortels. Maandblad voor Natuurwetenschappen. No. 4, blz. 53.

W a l t e r, G., 1890: Über die braunwandigen, sklerotischen Gewebeelemente der Farne mit bes. Berücksichtigung der sog. „Stützbündel" Russows. Bibl. Bot., Heft 18.

W e b e r, F., 1929: Plasmolyse-Ort. Protoplasma, VII. Band.

W e t t s t e i n, R., 1935: Handbuch der Systematischen Botanik. 4. Aufl.

W i l l e, F., 1926: Beiträge zur Anatomie des Cyperaceenrhizoms. Beih. z. Bot. Centralbl., Bd. 43.

W i s s e l i n g h, C. v a n, 1925: Die Zellmembran. Handb. d. Pflanzenanatomie, Bd. III/2.

— 1926: Beitrag zur Kenntnis der inneren Endodermis. Planta, Bd. 2.

W o d z i c z k o, A., 1930: Gibt es Unterschiede in der mikrochemischen Natur des Casparyschen Streifens bei verschiedenen Pflanzengruppen? Acta Soc. Bot. Polon. vol. 7, Nr. 1.

Z i e g e n s p e c k, H., 1921: Über die Rolle des Casparyschen Streifens der Endodermis und analoge Bildungen. Ber. d. D. Bot. Ges., Bd. 39.

Beilage zu: Maria Luhan, Die Goldendodermis der Farne.

Eigenfluoreszenz de

bl = blau, br = braun, d = dunkel, Fl = gelbe bis braune Flecken, ge = gelb, go
sch = schwach, (schw br) = schwarzbraun (mit Vagin infiltriert), nichtfluoreszier
* = siehe bei der be

Endodermis			Pflanze	Kutikula	E
äußere Tang.-Wand	innere Tang.-Wand	Caspary-Streifen			
.	.	.	Botrychium Lunaria...........	gü bl	
.	.	.	Marattia alata	hi bl	
.	.	.	Angiopteris Teysmanniana	s bl	
0	0	h bl	Leptopteris superba..........	s bl	
0	0	h bl	„ hymenophylloides .	s bl	
0	0	h bl — gü bl	Osmunda gracilis	w bl	
sch br ge	h — br ge	go ge	Lygodium japonicum	w bl	
gr — br ge	gr — br ge	go ge	Aneimia Phyllitidis	gü ge	
0	0	go ge	Trichomanes radicans.........	s bl	
0	0	go ge	Cibotium Schidei	hi bl	
0	sch ge gr	go ge	Alsophila excelsa	w bl	
0	gr br	go ge	„ Cooperi	w bl	
0	sch ge	go ge	Cystopteris Filix-fragilis	hi bl	
0	gr bl	hi bl + go ge	Struthiopteris germanica	s bl	
0	sch h ge	h ge	Davallia dissecta	s bl	
0	sch gr bl	h ge	Nephrolepis exaltata	hi bl	
0	sch gr ge	gü ge	Dryopteris Filix-mas..........	s bl	
sch br ge	gr ge	go ge	„ parasitica	s bl	
sch ge	h ge	go ge	Polystichum lonchitis	w bl	
sch ge	h ge	go ge	„ lobatum	h bl	
0	sch gr br	go ge	„ aculeatum........	(schw br)	(s
0	sch ge	go ge	„ falcatum	s bl	
0	z br ge	ge	Deparia Moorei	s bl	z.
0	m gr bl	go ge	Polybotrya aurita............	(schw br)	(s

gr = grau, gü = grün, h = hell, hi bl = himmelblau, l = -lich, m = matt, s = silber,
= weiß, z = zart, 0 = nicht leuchtend, + = schwarzbraune Stützscheide vorhanden,
en Pflanze im Text.

s	hypodermale Region	Grundparenchym	Stützscheide	Phloem		Xylem	
				Proto-	Meta-	Proto-	Meta-
	.	0	.	.	0	.	gr bl
	m h bl	0	.	.	0	m bl	h bl
	m h bl	0	.	sch bl	0	.	h—gü bl
	h bl	h bl	.	ge gü	sch br ge	m bl	h bl—ge gü
	br	h bl	.	z ge gr	0	m bl	h bl
	m h bl	h bl	.	gr bl	z ge gr	m br bl	h bl
	m hi bl	m bl	.	w bl	0	d bl	gü ge
	h bl	0	.	gü bl	sch ge	d bl	bl gü
	Fl, h bl	h bl	.	sch gr ge	sch gr ge	bl	h bl
	gü—br ge	gr bl	.	gü bl	gr ge	.	w bl
	Fl, h bl	0	*	gr bl	z gr bl	m bl	h bl
	h bl	0	*	gr bl	z gr bl	m bl	h bl
	hi bl	0	.	.	sch gr bl	.	h bl
	Fl, h bl	br gr	z. T. +	0	0	d bl	hi bl
	ge—br ge	0	+	gr bl	sch gr ge	.	w ge
	Fl, m bl	ge br	+	gr bl	gr bl	.	h gü bl
	Fl, m bl	0	+	0	0	h bl	h bl
	m bl	0	.	.	gr bl	m br	w bl
	Fl, h bl	0	.	0	0	sch bl	hi bl
	Fl, h bl	0	.	0	0	sch bl	h bl
r)	(schw br)	0	z. T. +	.	z gr ge	sch br bl	h bl
	Fl, m d bl	0	+	gr bl	m gü bl	gü bl	h bl
l	h bl	0	z. T. +	w ge	br l	m br ge	h gü ge
r)	Fl, h bl	0	z. T. +	w ge	br l	m br ge	gü ge

ge bl	ge—ge br	h ge br gü	Athyrium Filix-femina	w bl	
0	0	h bl + go ge	„ alpestre	s bl	
z. T. h ge	z. T. h ge	go ge	Phyllitis scolopendrium	s bl	
sch ge br	sch ge br	go ge	Diplazium esculentum.........	s bl	
sch gü ge	sch gü ge	go ge	Asplenium Ruta muraria	s bl	
z. T. gü ge	z. T. gü ge	go ge	„ septentrionale	s bl	
z. T. gü ge	z. T. gü ge	go ge	„ Trichomanes.......	s bl	
sch ge	z. T. gü bl	go ge	„ viride	s bl	
0	gr bl	go ge	„ viviparum	s bl	z.
0	gr ge	go ge	„ lucidum	h bl	
sch gr bl	ge — br gr	go ge	Blechnum Spicant	(schw br)	(s
0	sch gr bl	go ge	„ brasiliense.........	w bl	
0	0	go ge	„ occidentale	hi bl	
0	0	go ge	Doodia caudata................	(schw br)	(s
0	z. T. go ge	go ge	Woodwardia radicans	w bl	
0	0	go ge	Pteris serrulata	hi bl	
0	ge — gü ge	ge — gü ge	Pellaea rotundifolia...........	(schw br)	(s
0	z gr ge	go ge	Adiantum tenerum	(schw br)	(s
0	0	go ge	„ fragrans	(schw br)	(s
0	z go-gü ge	go ge	„ reniforme	(schw br)	(s
0	sch ge	go ge	Polypodium vulgare	s bl	
sch gr ge	sch gr ge	go ge	„ attenuatum	s bl	
0	sch gr ge	go ge	„ pustulatum	s bl	
br ge	gü ge	ge	„ quinquefolium	w bl	
0	sch gr bl	go ge	Hymenolepis spicata	w bl	
0	sch gr ge	go ge	Elaphoglossum lucidum	s bl	
0	ge — go ge	go ge	„ villosum.......	s bl	
0	z. T. ge	go ge	Platycerium corderoyi	s bl	
0	z. T. ge	go ge	„ Will.; var. pyg....	s bl	z
0	z gr bl	go ge	Photinopteris speciosa	bl	
0	0	go ge	Acrostichum crinitum	s bl	
0	0	go ge	Marsilia hirsuta................	s bl	
0	0	go ge	Salvinia auriculata, Stengel....	.	

u	Fl, m d bl	0	.	gr bl	br ge	m br ge	gü—br ge
ol	m h bl	0	z. T. +	0	0	m gr bl	h bl
	0	0	z. T. +	gü ge	sch ge	m d bl	h bl
	Fl, h bl	z ge br	+	w bl	z ge gr	h bl	gü ge
	0	0	.	w bl	sch bl l	d br bl	h bl
	0	0	.	w bl	0	d br bl	h bl
	0	0	.	w bl	sch bl l	d br bl	h bl
	0	0	.	w bl	0	d br bl	h bl
bl	d br	0	+	m gr bl	0	br l bl	h bl
	Fl, h bl	z gr bl	+	sch ge gr	0	m d bl	h bl
br)	Fl, h bl	0	.	0	0	d bl	h bl
	sch h bl	0	*	gr bl	sch ge	d bl	h bl
	Fl, h bl	0	+	z gü bl	0	m gr bl	h bl
br)	h bl	0	.	0	0	.	h bl
◄	Fl, m bl	0	+	*	*	.	*
	h bl	0	.	gü ge	sch ge	br bl	h bl
br)	(schw br)	(schw br)	.	sch gü bl	0	m bl	h bl
br)	(schw br)	z. T. gü ge	.	0	0	m bl	h bl
br)	(schw br)	(schw br)	.	sch gr bl	0	d bl	h bl
br)	(schw br)	ge br	.	0	0	.	hi bl
bl	Fl, m hi bl	0	+	0	0	h bl	h—gü bl
	m h bl	0	+	0	0	.	h bl
	m h bl	0	+	0	0	.	h bl
◄	Fl, h bl	d gü ge	+	ge gr	z ge gr	.	h bl
	h bl	0	+	0	0	.	h bl
	Fl, m gr bl	0	+	gr bl	sch gr bl	br l bl	h bl
	Fl, sch bl	0	+	*	*	.	*
bl	h bl	z gr bl	z. T. +	h gr	z h	d m bl	h bl
	Fl, h bl	z gr bl	z. T. +	sch h bl	0	d m bl	h bl
l	Fl, h bl	h bl	+	gü bl	gü bl	m br l	h bl—ge
	h bl	sch	z. T. +	gü ge	ge l	.	gü bl
	0	z. T. h bl	.	0	0	sch bl	h bl
	.	.	.	.	.	.	.